格局

决定你的
人生上限

马云写给年轻人的人生智慧课

周一南⊙著

中华工商联合出版社

图书在版编目（CIP）数据

格局决定你的人生上限：马云写给年轻人的人生智
慧课 / 周一南著. -- 北京 ：中华工商联合出版社，
2018.12（2023.10重印）
ISBN 978-7-5158-2445-1

Ⅰ.①格… Ⅱ.①周… Ⅲ.①成功心理—通俗读物
Ⅳ.①B848.4-49

中国版本图书馆CIP数据核字(2018)第299701号

格局决定你的人生上限：马云写给年轻人的人生智慧课

作　　者：周一南
策划编辑：胡小英
责任编辑：李　健
装帧设计：润和佳艺
责任审读：李　征
责任印制：迈致红
出版发行：中华工商联合出版社有限责任公司
印　　刷：衡水翔利印刷有限公司
版　　次：2018年12月第1版
印　　次：2023年10月第5次印刷
开　　本：710×1000mm　1/16
字　　数：270千字
印　　张：16
书　　号：ISBN 978-7-5158-2445-1
定　　价：49.80元

服务热线：010-58301130-0（前台）
销售热线：010-58302977（网店部）
　　　　　010-58302166（门店部）
　　　　　010-58302837（馆配部、新媒体部）
　　　　　010-58302813（团购部）
地址邮编：北京市西城区西环广场A座
　　　　　19-20层，100044
http://www.chgslcbs.cn
投稿热线：010-58302907（总编室）
投稿邮箱：1621239583@qq.com

前言
PREFACE

"深凹的颧骨，弯曲的头发，淘气的露齿笑，5英尺高，100磅重的顽童模样。这个长相怪异的人有着拿破仑一样的身材，同时也有着拿破仑一样伟大的志向。"这是美国《福布斯》杂志对马云的评价。

马云个子不高，长相有些怪异；马云高考两次落榜，第三次才好不容易蹭上了本科；马云面试屡次被拒，连肯德基的服务生都应聘不上……从这些方面来看，马云甚至连一个普通人都比不上。然而，就是这样一个别人眼中的失败者，创建了阿里巴巴，做起了淘宝，推出了支付宝，他用自己的梦想和坚持，打造了一个让人难以企及的商业帝国。

从默默无闻，到家喻户晓，马云只用短短的十几年时间就改变了自己的人生轨迹。他的身体中有着怎样的神奇力量，能让他"化腐朽为神奇"？他的创业历程，又会对年轻人产生怎样的激励？

马云说："梦想还是要有的，万一实现了呢？"从创立阿里巴巴的第一天起，马云就始终坚持自己的梦想——"创建一家全球化的、可以做102年的优秀公司"。在当时的环境下，马云的这一论调受到诸多批评，很多人觉得马云是"疯子""骗子"。对此，马云的回应是"人家说你是疯子，你天天解释你不是疯子，那你就没时间做事儿了"。

当阿里巴巴取得成功，外界的赞扬如潮水般涌来的时候，马云却选择急流勇退，卸任阿里集团CEO。在"告别"演讲中，马云说："我真没想到，十年以后，我们变成了今天这个样子。这十年无数的人为此付出了巨大的代价，为了一个理想，为了一个坚持，走了十年。我一直在想，即使把今年阿里巴巴集团99%的东西拿掉，我们还是值得的，今生无悔，更何况我们今天有了那么多的朋友，那么多相信的人，那么多坚持的人。"

马云是一位江湖侠客一样的血性男儿，他敢想敢干、特立独行，他有错必改、砥砺前行……这一切，都因为马云是一个有大格局的人。在马云看来，人生需要大格局。有大格局的人，才有开阔的视野，这种视野会引领他走向人生的新高度；有大格局的人，才有独特的思维，这种思维会让他走出一条别人不曾走过的路。所以，马云说："'格'是人格，'局'是胸怀，两个都干好，那叫太有才！"

马云就是这样一个"太有才"的人，史玉柱曾评价他："马云是一个战略家，他能看到五年后，我只能看到一年后，从阿里巴巴起步，到淘宝、支付宝，无不体现他和他的团队那超前的战略智慧。"可以说，正是马云的大格局造就了他今日的成功。

本书以格局作为切入点，分别从思维、心态、品质、原则、视野、圈子、说话、做事、财富、管理、创业等角度展开叙述，让读者全方位地了解马云身上展现出的大格局。另外，本书将理论和实践相结合，通过马云的典型事例，帮助读者更好地理解马云的格局观念，学习马云的人生智慧。

目录
CONTENTS

第三章

心态格局：驱散不良心态，为生命打开另一扇窗

第四章

品质格局：培养优秀品质，塑造绚烂人生

第八章

说话格局:言谈中掀开人生"天花板"

第九章

做事格局:做正确的事,正确地做事

第十章

财富格局：关注财富，也要关注财富之外的东西

第十一章

管理格局：上乘管理智慧，成就非凡人生

第十二章

创业格局：心当存高远，格局定成败

后记

第一章

格局的力量：格局左右
人生高度

马云说："格局就是指一个人的眼光、胸怀、胆识等心理要素的内在布局，一个人的格局大了，未来的路才能宽！""格局"两个字，写起来不难，理解起来也不难，但是真正做到大格局，却很难很难。古往今来，大凡取得巨大成就的人，无不具有超出常人的格局。正是优秀人格和广博胸怀的完美结合，杰出人物才有了与众不同的视野和观点，才让他们拥有了更多的朋友和资源，而这一切，让他们有了获得成功的良好基础，有了提升人生高度的可能。

"格"是人格，"局"是胸怀

马云语录
>> 做企业赢在细节，输在格局。格局，"格"是人格，"局"
是胸怀，细节好的人，格局一般都差，格局好的人从来不
重细节，两个都干好，那叫太有才！

"格"是人格，"局"是胸怀。两者兼备的人，才能称为完整的人；能
将两者完美结合在一起的人，则会成为杰出的人。如马云之类取得杰出成就
的人，无不对格局有自己的准确认识，无不具有超人的格局。

因为具有高尚的人格，所以能以人格魅力吸引他人的关注，赢得他人的
认可；因为拥有广阔的胸怀，所以能够接纳、体谅他人，在需要的时候得到
他人的理解和支持。高尚的人格和广阔的胸怀结合在一起，一个人便有了良
好的格局，这样的格局对一个人的成长和发展都有十分巨大的影响作用。反
之，一个人格局太小，则会无人相帮，处处受挫，自然难成气候。

马云对自己的处境和格局都有清晰的认识，面对一些问题的时候，他往
往会以自己的大格局去应对和处理，这让他总能表现出与众不同的一面。

在一次讲话的时候，马云这样说："其实我是这么看自己的，我觉得年龄

大了，在公司里有时讨论的时候，我的脑袋跟不上很多同事的节奏，很多东西，淘宝的规则，在座的人我敢保证，你们要比我们淘宝的很多员工更懂得淘宝的游戏规则，淘宝的很多员工，要比我更懂得淘宝的游戏规则，当然这是个好事情。"

就马云的地位而言，恐怕很多人都想象不到他会以这种姿态和方式与自己的员工、客户等进行沟通。在人们眼中，马云是时代骄子，是潮流的引领者甚至是制造者，然而，这样一个受到众人敬仰的人，竟然主动承认自己"年龄大了""脑袋跟不上很多同事的节奏"，这不禁让人思考。实际上，这样的事情在马云身上十分正常，因为他明白"金无足赤，人无完人"的道理，而且愿意承认自己在某些方面的不足。这是马云的格局，是马云能够赢得人心，取得成就的重要原因之一。

与之相应的是，某些人认为向下属或同事承认自己不如别人是一件十分难堪甚至丢脸的事情，觉得这样做有失身份，会影响个人的形象。殊不知，正是这种"死要面子活受罪"的心态，让人的格局越变越小，取得成功的可能性越变越小。

所以说，一个人的格局，会对他的成就产生决定性的影响，只有那些人格和胸怀兼备的人，才能不断突破人生上限，成为人生赢家。

信任，让阿里巴巴走向成功

是什么东西让我们有了今天，是什么让马云有了今天，我
是没有理由成功的，阿里没有理由成功，淘宝更没有理由
成功，但是我们今天居然走了这么多年，依然对未来充满
理想，其实我在想是一种信任。

对于马云而言，重视信任、坚守诺言是人生的信条之一。他是这样说
的，也是这样做的。从开创阿里巴巴的那一天起，他便用自己的行动证明自
己对信任的坚持，正是这份对信任的执着，让他赢得了万千客户的支持，获
得了事业上的巨大成功。

马云不仅自己看重信任，也让自己的员工知道信任对于一个人、一家企
业的重要性。正是阿里巴巴的所有人对信任的不断坚持和实践，才让阿里巴
巴一天天壮大，才让阿里人成为别人羡慕的对象。从某种程度上说，信任是
阿里巴巴成功的基石。其实，对于任何一家企业、任何一个人来说，信任都
是非常重要的，只有不断提升信任等级，才能开创新的人生格局。

马云在辞去阿里巴巴CEO时曾说："其实自己在想是什么东西让我们有

了今天，是什么让马云有了今天，我是没有理由成功的，阿里也没有理由成功，淘宝更没有理由成功，但我们今天居然走了这么多年，依旧对未来充满理想。其实我在想是一种信任，在所有人不相信这个世界，所有人不相信未来，所有人不相信别人的时候，我们选择了相信，我们选择了信任，我们选择十年以后的中国会更好，我们选择相信我的同事会做得比我更好，我相信中国的年轻人会做得比我们更好。

"二十年以前也好，十年以前也好，我从没想过，我连自己都不一定相信自己，我特别感谢我的同事信任了我，当CEO很难，但是当CEO的员工更难。我从没想过在中国，你居然会付钱给一个你都没有听见过的名字，如'闻香识女人'这样名字的人，买一个你可能从来没见过的东西，经过上千上百公里，通过一个你不认识的人，到了你手上，今天的中国，拥有信任，每天2400万笔淘宝的交易，意味着在中国有2400万个信任在流转着。

"在座所有的阿里人，淘宝、小微金融的人，我特别为大家骄傲，今生跟大家做同事，下辈子我们还是同事！因为是你们，让这个时代看到了希望，在座的你们就像中国所有的'80后''90后'那样，你们在建立一种新的信任，这种信任让世界更开放，更透明，更懂得分享，更承担责任，我为你们感到骄傲。"

信任，是一种无形而巨大的力量，马云靠它让阿里巴巴大获成功。信任，让马云拥有了很多愿意追随他的员工和客户，让马云拥有了常人难以想象的支持和财富。从某种程度上说，马云的成功，得益于他对信任的执着和坚持，得益于他超出常人的人生格局。

也许不同的企业和个人有不同的成功方法，但是在成功之路上，必定会有信任的身影出现。无数的事例已经证明，成功人士之所以能够取得不同寻常的成就，信任的格局在其中发挥着超乎想象的作用。任何一个想拥有精彩人生的人，都必须重视格局的作用，增强格局的力量。

准确定位，层次决定高度

马云语录
>>　我们不学会欣赏自己，我们就很难超越别人。

阿里巴巴的眼睛盯的是网商，是怎么样帮助别人把电子商务做成功，而不是我们跟电子商务企业抢饭碗。所以大家是在不同的层面上看问题。

　　在创立和建设阿里巴巴的过程中，马云始终有伟大的梦想，有不断进取的目标。他希望建立一个中国人自己的互联网公司，并让它成为世界性的公司。因为有了这样的追求，马云对自己的要求一直很高，即便在缺少资金，需要融资的时候，他也没有随意接受别人的资金，而是精挑细选，为公司的长期成长做好前瞻性的准备工作。

　　另外，在马云看来，阿里巴巴的创建，并不是只为赚钱，而是为中小企业提供更多的商机，让中小企业赚到更多的钱。正是在这样的思想的指引下，马云从一开始就对阿里巴巴有了准确而清晰的定位，他为阿里巴巴设定的发展前景，比常人所想的高出不止一个层次，所以，无论对合作伙伴，还是员工，乃至于客户，他都坚持按照高层次的要求进行选择，即便别人有不解、有意见，他依然不改初衷。

谈及公司定位及与其他电子商务企业的关系时，马云这样说："如果淘宝是五年前的淘宝，八年前的淘宝，那对手对我们可能有危害，但今天的淘宝，这些对手对我们是没有危害的。无论从规模、体系、战略思考、战略布局、人才组合以及整个商业模式，我们不是在一个层面上作战，这不是我们说大话，看不起别人。

"外行看起来你们都是电商，但是电子商务和网商是有区别的，阿里巴巴的眼睛盯的是网商，是怎么样帮助别人把电子商务做成功，而不是我们跟电子商务企业抢饭碗。所以大家是在不同的层面上看问题。在外行看来，电商天天在打架，而我自己觉得竞争是商业关系中不可避免的。当然它只是一种乐趣，你实在无聊了，竞争一下，让你的员工兴奋一下也可以，但是如果把竞争当成制胜的活宝，好像你'杀'了对手就能活，那是两个概念，因为对手层出不穷。"

"无论从规模、体系、战略思考、战略布局、人才组合以及整个商业模式，我们不是在一个层面上作战，这不是我们说大话，看不起别人。"这是马云对阿里巴巴的定位，不和其他的电子商务企业在同一个层面上，也许有些人觉得马云的话有些狂妄，但是既有的事实已经证明，阿里巴巴做的事情确实和其他企业做的不太一样。正因为正确把控了公司的定位，马云的阿里巴巴才从诸多电子商务企业中脱颖而出，做出了如今的成绩，占据了领先的地位。

换个角度来说，假如马云从一开始就将阿里巴巴定位于普通的电子商务企业，为了和其他的企业争抢客户打得头破血流，那么阿里巴巴即便没有消亡，那它最多只是众多电子商务企业中的佼佼者之一，很难做到一枝独秀。可以说，正是因为马云的思考层次高出众人一截，并给了阿里巴巴准确的定位，才让阿里巴巴有了如今这个难以企及的高度。

马云的成功，说明了一个道理：思维层次的高低往往影响一个人的人生高度。大凡能够取得巨大成就的人，往往具有高人一等的层次。在较高的层次上，才能看到更远的未来，才能发现更多的机会，才能产生更丰富的想法，有了这些作为保障，才能不断向前、向上，不断突破人生的高度，创造更精彩的人生。

阿里巴巴人唯一不变的是变化

马云语录 >>　每一个阿里巴巴人都必须肩负职责，观察局势的变化，在大趋势变化之前提前变化。

我是一个对未来的信仰者，我永远相信人类的未来会越来越好。不管有多大的困难，总会有人找出办法，只是你没有找出办法。

现代社会，是一个高速发展的新型社会，前沿科学技术迅猛发展，各类知识信息层出不穷。在这样一个日新月异的时代里，一切都在变化，只有不断改变自己的格局，才能更好地适应各种难以预料的变化。

对于变化，马云有着深刻的认识和独到的理解，他愿意敞开怀抱去拥抱各种变化，愿意主动进行变化，这也使得阿里巴巴能够更好地适应时代的需要，时刻走在时代的前沿，引领众多企业不断前进和发展。

在一次演讲中，马云这样说："我们要拥抱变化，而不是回避变化，因为这世界最快的就是变化。在阿里巴巴，我们是说变化就变化。没有办法，不变化就难以生存，每一个阿里巴巴人都必须肩负职责，观察局势的变化，在大趋势变化之前提前变化。因此，阿里巴巴文化里非常重要的一条就叫'拥抱变化'，除了梦想之外，阿里巴巴人唯一不变的是变化。"

"拥抱变化"，这是马云的信条，也是阿里巴巴重要的企业文化，正是因为对变化的认可和接受，正是因为对变化有了前瞻性的预见，才使得阿里巴巴始终立于不败之地，并一次次地创造辉煌。

相较于马云，很多中小企业的掌控者对变化就没有那么深刻的认识，对于变化，他们总是诚惶诚恐，总是担忧自己的企业在变化中消亡，却不去想应该如何主动适应变化，主动变化。这，就是马云和普通掌控者的区别，也是阿里巴巴和中小企业之间的区别。

针对一些中小企业的疑惑，马云说："今天有许多人说企业活得痛苦，这些痛苦是什么概念呢？是越来越走向市场化。一方面是全球经济的下滑，另一方面是因为你的组织文化和体制在过去十年还可以活得不错，但在未来十年，越来越走向市场经济的时候，机制文化和人才、组织不适应的话，就会死得很惨。我们经常考虑和讨论的，就是什么样的机制、什么样的文化和什么样的人才，才是未来十年公司发展所需要的。

"转型是一定有代价的，就像拔牙一样，一定会痛，但是这个痛你不治理就会天天痛，但又不至于死人，却让人死去活来。因此，改革带来的阵痛大家要有心理的准备和容忍度，要扛得住。互联网的排名每天都在变，BAT也是如此，我们每天都在担心。"

马云对市场和未来的变化都有比较理性的分析和认识，这使得他总能在不断变化的环境中先于别人发现一些商机，这些商机的出现，为阿里巴巴的进一步发展提供了契机，为马云创建自己的商业帝国奠定了坚实的基础。可以说，对于阿里人而言，变化非但不可怕，反而对他们的发展和成长有着很大的促进作用。从某种程度上说，正是认识变化的超人格局，使得阿里巴巴有了如今的成就，也造就了无数杰出的阿里人。

如今这个社会，时时刻刻都在发生着变化，在世界的任何一个角落，都可能发生着超出人们想象的变化。马云所说的"唯一不变的是变化"，是阿里巴巴的企业文化，但是放在常人身上，这句话同样适用。在这样一个人人都在追求变化、适应变化的世界中，假如我们始终一成不变，那么我们就将变得落伍，最终只能接受被社会淘汰的命运。因此，为了比别人做得更好，为了占据主动和领先的位置，我们只有主动改变自己，让自己先于别人产生变化。

大目标教人干事业，小目标使人过日子

石油大亨洛克菲勒曾在给儿子的一封信中写道："成功不是以一个人的身高、体重、学历或家庭背景来衡量，而是以他思想的'大小'来决定。"可见，一个人之所以被称为伟大，首先是因为他有伟大的目标。

所谓"伟人心中有志向，凡人心中只有愿望"，大目标能让人专注于做事业，小目标则只会让人享受平凡的日子。

当然，目标并不是越大越好，大目标也要切合实际。只有这样的目标，才能彰显一个人的博大胸怀和长远目光。无论做人做事，只要格局足够大，收获自然就会多得多。

在创立阿里巴巴时，马云就将客户目标定位在国内和国外两个价值链上：一方是海外的卖家，一方是中国的供应商。阿里巴巴在机构设置方面，也始终坚持国际化路线。用马云的话说，阿里巴巴要"避免国内甲A联赛，直

接进入世界杯"。

但是，在当时的环境下，互联网的核心技术和核心企业都在国外，能向互联网行业投资的投资商也大都在国外，因此，马云决定利用所有可能的机会，首先打开国外市场。

有了这样的定位，公司的名字自然也要国际化。对此，马云说："我取名叫阿里巴巴不是为了中国，而是为了全球，我做淘宝，有一天也要打向全球。我们从一开始就不仅仅是为了赚钱，而是为了创建一家全球化的、可以做102年的优秀公司。"为此，尽管阿里巴巴资金不足，但是马云依然拿出1万美元买回了阿里巴巴的域名。

有了适合国际战略的名字之后，阿里巴巴便避开国内市场，直接向着国际市场进军。为了做宣传，马云时常到外国进行演讲，但是听众并不是很多，有一次，能容纳一千五百人的演讲厅，竟然只坐了三位听众，马云虽然觉得难堪，但是依然坚持做完了演讲。

马云说："我们绝对是放眼世界的，真正做到打到全世界去。"如今，马云的目标终于达到了，阿里巴巴在世界各地都有了自己的生意。

从创立阿里巴巴开始，马云便制定了宏伟的目标，这让他能以大格局去看待自己所做的事和所遇到的人。在这个大目标的引领下，马云和自己的团队不断进取，最终成就了如今的辉煌。试想一下，如果马云在开始的时候仅仅将阿里巴巴定位于"国内的甲A联赛"，那他如何能带领阿里巴巴"进入世界杯"呢？

其实，不仅仅是做公司需要大目标，任何一个不甘平庸的人都应该为自己树立长远的目标和奋斗的方向。伊尔巴克曾说："要是你有雄心壮志，江河也会向你俯首。"一个人能够取得的成就，与他的抱负有着很大的关系。如果你给自己定的目标太小，很容易就能实现的话，那就无法激发自己的潜能。只有向着大目标不断努力，才能产生更多的积极性，最终做出一番伟大的事业。

贵在自知，才能成就不凡格局

> **马云语录** >> 做一件事，你要坚持五至十年，如果还不能成功，那就要考虑放弃了。
>
> 这帮人怎么这么聪明，比聪明你已经没有机会了，比勤奋估计更没机会，你只能比未来，我认为十年以后中国社会会出现这样的事情，我必须去做。

马云取得的成就及他所拥有的财富和商业帝国，是令许多人艳羡不已的。在他这样的一个位置上，所能享受和支配的一切，在很多人看来是难以想象的。然而，即便身居高位，即便拥有常人难以想象的财富，马云也没有迷失自我。在马云心里，始终有一根自我衡量的秤杆，他知道自己的分量，知道自己应该做什么。正是这样的自知之明，使得他受到员工及客户的欢迎和支持，使得他成为众人愿意跟随的"航标"。

马云说："我们每个人都要有自知之明。"这并不是冠冕堂皇的表面文章，而是他人生格局的重要体现。他如此说，也如此做，言行一致地表现自己的自知之明。这种常人难以拥有的格局，让他对自己、对公司、对客户都有清晰而充分的界定，对未来也有了较为准确的判断。

当外界对马云和阿里巴巴好评如潮，给予无数赞美的时候，马云依然对自己有清晰的认识，并没有受到外界环境的影响。

在第九届网商大会上，马云说："这几年确实对我也好，我的同事也好，我们获得了非常多的不该属于我们的荣誉，说淘宝发展得很好，阿里巴巴发展得很好，马云做这个事情很正确，那个事情很不错，其实这些荣誉不属于我们，属于这个时代，属于在座各位，是你们的努力，使得电子商务发展得那么快，当然我们也得到了很多不该属于我们的指责，这就是生活，你既然干了，你就得承受这一切。

"我自己觉得我们每个人都要有自知之明，我自己想了很久，为什么不来讲，因为我觉得30岁的人要为别人承担责任，为别人承担责任，你必须任何事都勤勤恳恳、努力地去干，什么事情都去干，去挑战，去做。

"40岁的时候，你必须明白什么是最强的，你自己做得最强最好的，如果你做到最强最好以后，你才知道我能够最强最好地为别人服务。到了50岁的时候，你要明白你的希望是在于未来，花更多的时间去发现、寻找、培养年轻人。到60岁的时候，你一定要记得，哪些地方你没去过，哪些饭馆没坐过，你得去坐坐。每个人都要明白，有时候是为了别人的目的，但更是为了自己，因为你前面30岁的努力，40岁的努力，50岁的努力，是可以让你到60岁的时候，可以安心地说，我终于可以为自己干点事儿了。"

通常而言，当一个人取得巨大成就，受到诸多赞美的时候，往往会产生某种优越感，更有甚者，可能出现飘飘然的情况。一旦如此，就很有可能变得盲目自信，以至于做出许多错误的决定。在这一点上，马云做得很好，在他人的赞誉和巨大的成就面前，他没有迷失自我，而是对自己和阿里巴巴保持平稳的心态。马云的自知之明，让他始终能够保持清醒的头脑，能以最佳的方式进行思考和工作，能为公司和客户做出最好的决策。

　　"人贵有自知之明"这句话，很多人都会说，但是真要做起来，并没有很多人可以做得很好。之所以出现这样的情况，并不是人们不愿去做，而是因为大多数人都没有足够的格局去看待和理解它。自知之明的格局，需要历练，需要总结，更需要我们时刻告诫自己，告诫自己远离膨胀心态，做最普通的自己。

不一样的格局，造就不一样的结局

> **马云语录** >>
> 未必有基础的人会赢，未必今天跑得快的人（将来）还能
> 走得很快，这世界就像足球一样，是圆的。

鲁迅先生的《战士和苍蝇》一文中有这样一句话："有缺点的战士终竟是战士，完美的苍蝇也终竟不过是苍蝇。"战士和苍蝇有着本质上的区别，所以无论外在形态如何，依然无法改变本质的存在。在一个人的格局上，也有同样的道理。格局的高低，决定着一个人接人待物的方式，这种方式上的差异，会对一个人的成长和发展起到十分重要的作用。

通常而言，成功人士的格局，并非常人能够具有。马云所取得的成就，更是常人难以企及。然而，无论在外人眼中马云是多么的神奇，阿里巴巴是如何的伟大，马云自己都没有一丝的骄傲。

在阿里巴巴上市之后，很多人都觉得马云名利双收，被各种光环环绕，在这样一个人生的辉煌时刻，马云一定意气风发，大谈自己的创业历程。可是，马云如往常一样让那些自以为是的人失望了。

在一次接受《福布斯》记者的采访，谈及上市之后的感受时，马云十分

诚恳地说："我们的心态没有变，否则压力真大。其实如果因为上市，整个心态就变了，一点好处都没有，对年轻人尤其没有好处。就像过年吃了顿饭，然后该干什么还干什么，要看我们的定力。

"你看彭蕾的余额宝去年面临的那些压力，十五年来，别人总是小看了我们的抗打击能力，其实我觉得我们阿里最厉害的地方，是我们被人捅了很多刀，外面看起来光鲜，但其实是有很多内伤的。阿里上市的头一天晚上，我们合伙人在一起，他们吃完饭，喝完酒，都想去干活，这就是责任。

"其实客观地讲，我们都没有想到会走到今天，我们也没准备走到今天，我们没有心理准备，也不应该走到今天，我们这些人的能力是被拉长的，不是说你马云很牛，牛成那个样子，我们是被逼成这个样子的，你已经到了这个上面了，你没有选择。"

在阿里巴巴成功上市之后，随之而来的是对马云及阿里巴巴的种种赞誉，在这样一个功成名就的时刻接受采访，马云完全可以谈谈阿里巴巴的奋斗史、成功史，为自己和公司添上浓墨重彩的一笔。但是，马云并没有这样做，他只是很平淡地说："不是说你马云很牛，牛成那个样子，我们是被逼成这个样子的，你已经到了这个上面了，你没有选择。"

也许有些人觉得马云是在故作谦虚，展现姿态，可是了解他的人应该很清楚，真实的马云并不是一个故作姿态的人。他这样说，只是个人感受的真实表达。

在看待成功这个问题上，马云和常人有着不一样的认识，正是这种高于常人的认识，令他面对成功时从不欣喜若狂，面对失败也不过分沮丧，这份平淡看待成败的格局，令马云能够在复杂多变的商战中敏锐地发现更多的机会，获得更多的成功。

想要在社会上站稳脚跟，不仅要脚踏实地地奋斗，也要有超出常人的格局，有了不一样的格局，才有不一样的想法和待人接物的方式，才能以不同于别人的姿态去应对生活中的一切，才能收获别人难以收获的东西。

第二章

思维格局：跳出思维围栏，绽放美丽人生

　　马云说："我跟自己讲我们到这个世界上不是来工作的，我们是来享受人生的，我们是来做人不是做事的。如果一辈子都做事的话，忘了做人，将来一定会后悔。"在马云看来，人活着不能仅仅为了做事，而要"享受人生"，所以当很多人为了生活埋头工作的时候，马云却要做一个"懒人"，并且认为"这个世界实际上是靠懒人来支撑的"。正是这种与常人迥异的思维方式，使得马云走上了一条别人不曾走过的路，也造就了他如今的辉煌。

最大的错误就是不犯错误

人生之路上，会有很多十字路口，每一次选择，都会对未来产生深远的影响。不同的选择，代表着不同的方向和不同的目标，在一次次的选择和尝试中，人逐渐从懵懂走向成熟，从失败走向成功。可以说，成长的过程，就是不断试错的过程。

没有人敢说自己从来没有犯错，即便是马云这样很少犯错的人，也曾经在错误的泥潭中挣扎过几番。所以说，犯错并不是什么丢人的事，也没有什么可怕之处，能从错误中学到一些东西，才是真正的人生智慧。

马云曾经说过："阿里巴巴是在错误里成长兴起的，犯错误并不是件可耻的事，网络公司一定会犯错误，而且必须犯错误。网络公司最大的错误就是停在原地不动，最大的错误就是不犯错误。"

他还说："有些错误是每个企业选择某个产业所必须付出的代价，迟早是要犯的。关键在于总结教训，反思各种各样的错误，为明天跑得更好，错误还得犯，关键是不要犯同样的错误。任何企业家不会等到环境好了以后再做任何工作，企业家是在现在的环境，改善这个环境，光投诉，光抱怨有什么用呢？国家现在要处理的事情太多了，失败只能怪你自己，要么大家都失败，现在有人成功了，而你失败了，就只能怪自己。就是一句话，哪怕你运气不好，也是你不对。"

对于错误，马云是持理解和包容态度的。在他看来，每犯一次错，就排除了一种失败的原因，也就离成功更近一步。只有不断地试错，才能找到正确的方法，赢得最后的成功。

比尔·盖茨曾经说过："不要抱怨错误，要从中吸取教训。"对于一个人来说，害怕犯错并不是一件很好的事情。因为一旦害怕犯错，就会失去前进的勇气，变得故步自封，踟蹰不前。当出现新的机会时，会因害怕而摆手拒绝；遇到事业瓶颈时，会因为害怕而拒绝改变。长此以往，最后只会出现一个结果，那就是一事无成，甚至被社会淘汰。

错误并非洪水猛兽，犯错也不是什么奇耻大辱。这里讲的允许犯错，并不是鼓励人们随意地多犯错误，而是希望人们能从错误中吸取教训，从错误中学习经验，懂得犯错对于人生的重要性。如果一个人总是抱着怕错的心态去做事，那么很可能在这种心态中逐渐迷失自我，找不到人生的方向。

对年轻人来说，不因怕犯错而不去做是一种非常重要的思维格局。因为即便犯了错误也有改善的空间，而不敢去做就只能原地踏步。人生本来就充满不确定性，没有人知道未来会遇到什么，也没有人知道自己的人生究竟会怎样，只有不断尝试，才能看到更加丰富多彩的人生。所以说，不要怕犯错，只要犯错之后进行积极的总结，避免下次再犯同样的错误，那么这个错误就是有意义的。

转换思维，突破人生瓶颈

马云语录 >>

在招聘的过程中，我们也发现需要从（大学）一二年级就开始让大学生了解我们需要什么样的人！不能等到大四的时候再告诉他们，这个时候已经迟了。大学里要学习的是一种文化，一种能力！而不仅仅是知识！

在阿里巴巴从弱小到强大的过程中，各种各样的尖锐问题层出不穷，马云凭借自己异于常人的洞察力，一一将这些问题顺利解决，这才使得阿里巴巴发展到如今这令人惊叹的水平。

面对各种复杂的问题，马云并不是仅仅以常规的思维方式进行处理，而是常常转换思维方式，从一个能为众人接受和认可的切入点入手，提出一个让众人无可辩驳的观点或是解决方案，以此获得众人的认同。

在参加中央电视台《对话》节目时，马云被问到这样一个尖锐的问题："这几年，阿里集团的直通车展位、钻石展位价格连年攀升，所以很多小的企业不能小而美了，开始承受不了，是不是意味着阿里开始疏远小企业，转向大公司了？"

　　这个问题代表了一部分人的声音和利益，一旦答案不能让人满意，很可能对公司的信誉产生不良影响，如果只是一味辩解，又很可能让人产生越描越黑的感觉。所以说，这个问题十分尖锐，并不是很好回答。那么，马云是怎么回答这个问题的呢？

　　马云："因为每个人的角度看法不一样，在座所有的小卖家觉得我们没有给他们足够的资源，大卖家到我们办公室来骂人的特别多，'你们到底是靠我们养还是靠他们养？'每个人的角度是心里面的看法，对阿里来讲，在我们眼里面，三年前阿里巴巴的年会上，我跟所有的客户、同事讲，阿里眼里没有大企业和小企业之分，只有诚信和不诚信之分，是不是努力，是不是创新的企业之分。

　　"全世界没有地方好做生意，全世界没有时候好做过，不同的时代，不同的努力，你永远跟同代的人竞争。所以我觉得，你要问我，我不讲谎话，我最喜欢小卖家，但是我不排斥大卖家，大企业搞不过小企业的比比皆是，今天在淘宝上淘品牌成功的，年销售额过亿的都是彻底在淘宝上成立起来，他们为什么能成功，所以我觉得这个只要你想干，你想办法你都有机会。"

　　这个问题之所以尖锐，是因为无论是小卖家还是大卖家，都是从自己的利益角度出发，都觉得阿里巴巴对自己不够重视。从这个角度上说，两者之间是具有矛盾的。如果马云直接回答，不管是重视小卖家，还是重视大卖家，都将引起另一方的不满。所以，马云没有顺着问话者的思路回答问题，而是从问题的本质入手，强调阿里巴巴是按照诚信水平来划分企业等级的。这样就避开了双方的矛盾点，为最终解决问题提供了良好的方案。

　　在实际生活中，我们也会遇到许多看似复杂的问题，但如果能够转换一下思维，从另外一个角度去思考，或许能很轻松地找到解决办法。有些问题表面上看来十分尖锐，想要解决似乎困难重重，但是只要找到根源所在，从源头上解决矛盾，那么问题就迎刃而解了。

不革自己的命，别人就革我们的命

> **马云语录** >>
>
> 很多人不明白未来对自己的意义和机会，也很难理解坚持
> 对自己未来的意义，但我们必须明白未来一定会有人因为
> 你的想法而成功。很多人只是想了一想而已，而有的人却
> 是在真正地坚持地做。

人生之路不可能一帆风顺，做公司也不可能一蹴而就。马云深知变化的市场总会在不经意间给自己带来一些问题和麻烦。而且，随着阿里巴巴的不断壮大，各个项目、业务之间的融合、拆分等问题，也越来越多地凸显出来。

面对各种各样的问题，马云总是主动寻找解决办法，尽最大的努力为公司建立更好的运营体系，拓展更大的发展空间。对于让人感觉痛苦的难题，马云说："我们有苦说不出，因为有各种各样的因素以及时机不到位，有些话我们不能讲。有些话只能十年以后，有些话只能二十年以后，有些话只能三十年以后讲，因为这些事情会影响其他人。我们很苦，但不能讲。"

从阿里巴巴创建的第一天起，马云就强调要为中小企业服务，但是随着互联网行业的形势发生变化，阿里巴巴也不得不跟着进行适当的变革。

"我想告诉大家，客户已经不是昨天的客户，当年互联网加起来才几千万用户，现在整个中国的互联网用户突破了五亿，淘宝UV一天要过六千多万，形势发生了很大的变化。现在每天来访问淘宝的人是五年前或者八年前整个中国的网民人数，他们已经不满足于一个简简单单的市场。"

马云发现了市场的变化，他深知如果不做改革，阿里巴巴很可能面临一场巨大的灾难，所以他说："不革自己的命，别人就革我们的命。"激烈的市场竞争中，已经有太多的同行倒了下去，又有那么多的对手对阿里巴巴虎视眈眈，这让马云觉得必须做出变革才行。

对此，马云说："我经常讲一句话，中国电子商务发展得好跟淘宝、阿里集团的关系可能并不大，但是中国电子商务发展得不好，跟我们一定有关系。如果我们不提升自己、不改变自己，我们影响的是未来十年、二十年的中国经济。"

正是在这种背景下，阿里巴巴做出了一项重大决策——拆分淘宝。尽管阿里巴巴的管理制度十分完善，但是仍然难免出现一些问题。"拆分以后首先碰上的最大问题就是协同成本，协同将成为最大的难题。""另外我们也面临巨大的有关管理和创新的问题。这次我们希望看到的是创新，但是由于出现了创新，一定会疏忽管理。管理和创新有时候是一对矛盾，谁能够把这对矛盾处理得最好，谁才能赢得未来。""我们今天面临的问题很多，但是我们的对手也比我们好不了多少。咬牙切齿地多熬一秒钟，多完善一个程序，多做好一点点服务，多服务好一个客户，我们赢就赢在0.01秒。"

任何一家公司，都会在发展过程中遇到形形色色的问题，这是难以避免的。只有经受住市场的淘洗，只有不断进行变革去适应社会的形势，公司才能不断发展壮大起来。正如马云所说："明天并不是等出来的，是靠我们打出来的。在座每个人都认为我们有的是明天，但是明天并不多。"

人只看得到想看到的世界

我就怕说我好，说我不好没关系，因为我脸皮厚。如果说
我好就糟糕了，说我不好倒没事儿，这两年一直被人家说
不好，所以习惯了。我是外练一层皮，内练一口气。我就
是脸皮厚，别人怎么骂你，你也要厚着脸皮不理会。

俗话说"树大招风"，作为阿里巴巴的创始人，功成名就的马云自然会
受到更多的关注，他的一言一行、一举一动，都被外界时刻关注甚至无限放
大。当一个人被放在显微镜下的时候，很难不被发现一些瑕疵。

面对外界铺天盖地的质疑和批评，很多人可能选择进行犀利的回击，
以求保护自己。但是马云不会这样做，他很清楚，每个人的眼睛都有过滤功
能，对自己想看到的东西，往往会投入更多的精力，也就是说，人们眼中的
世界往往只是自己想要看到的世界，而非世界真实的样子。正是因为有这种
思想认识，马云并不奢求说服那些在背后责骂自己的人，而是希望说服眼前
那些质疑自己的人。

有一次，马云接受了《时尚先生》的采访。主持人问马云道："你刚才讲

到，社会上也会有讨厌马云的人，但是我从外部观察的角度来讲的话，这些人大部分是从2011年之后开始出现的，你觉得原因是什么呢？"

马云回答："其实一直都有。只是2011年之后，发生了几件事情。当然所谓的正义之士就是在支付宝的事情上对我咬牙切齿，他们觉得我这个人背信弃义，违背契约精神，好像我要干掉整个中国互联网，把VIE（协议控制）跟我扯上了关系。

"大善乃大恶，大恶乃大善。你在做这件事的时候，你心里明白，什么时间你能补回来。就像2007年，我做雅虎40%股权的时候，我知道，40%都被人家控制了，将来就惨了。关于这一点，孙正义最明白。那天我对孙正义说：'好，我马云是个背信弃义的人，是违背契约精神的人。但如果我能找到一个人，我总共投了三四千万美元，但能够拿回来150亿美元的回报，那么，我很喜欢能找到这样一个背信弃义的人来。'孙正义说：'是啊，我找到了。'到今天为止，他总共投了五千万美元不到，拿回了近四亿美元现金，还有30%以上的股份。要是能找到这样一个人，违背契约精神，我也很高兴，对不对？

"我们不是这样的人，但在做这件事情的时候，话语的主动权不在我们这儿，我们在做事，别人在说事。说的人很容易，而且前面先定论你就是这样的时候，你说不清。又刚好吻合微博刚刚起来的时候，所有的人一直认为这个社会上都是坏人。

"时间会证明一切，所以恨我的人，我没有办法让他们高兴，我也没有办法让所有人都喜欢我，我也不希望所有人都喜欢我。你喜欢我干什么？和我有什么关系？"

面对外界的种种质疑，马云并没有进行十分正式的解释，而是以一种非常豁达的态度，坦然接受外界的批评，这就是马云不同于常人的思维方式。马云很清楚，所有的事情都具有两面性，即便再好的事情，再优秀的项目，也不可能让所有的人都满意。所以，他并不纠结于如何让所有的人都喜欢自己，而将关注点放在了如何让别人理解自己，相信自己。这种思维方式的转变，让马云更能站在理解对方的角度上去看待问题，这就减少了很多主观的判断，让自己的行为和决定变得更加理性，准确性也更高。

在生活中，我们也会遇到被人质疑的情况，虽然在程度上无法和马云的遭遇相提并论，但是给生活和工作带来的烦恼一样让人防不胜防。俗话说："一千个人眼中有一千个哈姆雷特。"每个人看待事物的视角不同，所以对一件事的评价自然不尽相同。如果非要强迫别人接受自己的观点，那无疑是非常愚蠢的。遇到这种情况时，不妨平和一些，只管做好自己的事情，用事实证明那些质疑是毫无道理的。

做慈善，钱很重要，心最重要

马云语录
>>
如果一个方案有90％的人说"好"，我一定要把它扔到垃圾桶里去。

我想，如果去做慈善的人反而觉得不太好意思，担心自己的援助会被人嫌少的话，那中国的慈善事业将走入一个偏门！

对于马云，有些人的评价是"马云的大脑是八核的，就差个屏幕了"。可见马云的大脑非常之发达，思维非常之敏锐。马云做事情的时候，头脑中始终有自己的想法，无论别人对这件事情持何种态度，马云只要认定是对的，往往不会轻易改变自己的想法。

马云做的很多事情，往往都会成为别人评价的标杆。尤其是在做善事方面，人们往往喜欢用自己的标准去衡量马云的善心有多少，总觉得马云拥有那么多财富，理所应当多捐献一些。如果马云捐款数额较少，马上就会招来非议。对于这种情况，马云已经见怪不怪，他很清楚，如果按照别人的要求捐款，自己有多少财富都难以满足需要。所以，马云从不在捐款金额上多费口舌，而是将自己的善心放在重要的位置。

2006年，马云参加中国管理年会时说："我对现在最流行的关于社会责任感、慈善事业有一些自己的想法，在这儿花几分钟时间跟大家聊一下。其实，我这两年出去做慈善的时候都觉得挺丢脸的，因为每次出去时人家总说'马云，你捐的太少，你瞧人家这个捐一千五百万，那个捐两千万的'。我想，如果去做慈善的人反而觉得不太好意思，担心自己的援助会被人嫌少的话，那中国的慈善事业将走入一个偏门！

"做慈善，钱是很重要，但是最重要的是一颗心，我记得在美国有几次有幸地跟慈善家在一起开一些会。跟他们在一起感触真的很深，他们觉得，做慈善，我们可以只捐助一美元。一美元代表的是心。慈善不应该被放在荧光灯下，慈善不应该被放在闪光灯底下，而应该是默默无闻地去做。

"最近在国内比较流行社会责任感，我觉得在中国目前形势下的企业，三件事情是最重要的：

"第一，你必须对自己提供的产品和服务承担社会责任。你挣再多的钱，但假使你制造的产品或者提供的服务是对社会有害的，那么即使你捐再多的钱我也看不起你。

"第二，我觉得是依法纳税。有的企业一方面想着避税、逃税，一方面想着年底捐点钱，这样的人我也见了不少，也不是很看得起。

"第三，在今天中国这样的形势，企业家最稀缺的是资源，我们应该把所有的钱用在扩大经营、扩大更多就业机会上。现在大学生都缺少就业机会，我觉得大学生需要的不是低保，大学生需要的是就业机会，而能为创造就业机会贡献最大力量的，就是我们企业家。

"所以，今天，我觉得我承担最重要的责任是——创造优秀的服务、优质的产品，依法纳税，创造更多就业机会，能够让更多的人有工作、有生活，这样社会才会更和谐。"

马云拥有的财富，对于大多数人来说是难以想象的，在很多人看来，财富越多，捐献应该越多，这是一种必然的回报。如果不这样做，就说明马云社会责任感不高，很显然应该受到批评。面对外界的这种看法，马云表达了自己的观点："做慈善，钱是很重要，但是最重要的是一颗心。""我想，如果去做慈善的人反而觉得不太好意思，担心自己的援助会被人嫌少的话，那中国的慈善事业将走入一个偏门！"在马云看来，做慈善和爱心有关，而与捐献者的财富多少并没有直接关系。马云的这种思维方式，使得他并没有被公众的道德绑架，也不用为了满足公众的要求而去做自己不愿做的事情。

被道德绑架的情况，不仅会发生在马云这样的大人物身上，也会实实在在地发生在普通人身上。我们并不一定非要按照所谓的"道德"思维去思考问题，而应该顺从本心，做出更加贴合内心的决定。

害怕失败，成功永远不会来敲门

马云语录

>>

如果你放弃了，你就失败了；如果你有梦想，你不放弃，
你永远有希望和机会。人生是一种经历，成功是在于你克
服了多少，经历了多少灾难，而不是取得了多少结果。

人生在世，不可能所有的事情都一帆风顺，遇到挫折和失败，实在是难
以避免的事情。人们常说"人生不如意事常八九"，这并非危言耸听，而是
人们根据切切实实的经验总结出来的道理。恰恰因为成功来之不易，人们才
对成功人士心生羡慕和敬仰。倘若成功能够信手拈来，那就凸显不出成功人
士的非凡成就了。

即便是马云这样的成功人士，也在失败的旋涡中挣扎许久，遭受了许多
挫折和磨难。俗话说："失败是成功之母。"每一次的失败，都是为下一次的
成功做铺垫，只要善于在失败中总结经验教训，并努力发现新的契机，说不
定下一次的尝试就能取得成功。

在创建阿里巴巴之前，马云也曾遭受无数失败，谈及年轻时的那段经
历，马云并没有十分沮丧，也没有刻意遮掩，在他看来，所有的失败和挫

折，都是为了今后的成功所做的准备工作。

马云曾经在高中复读了两年，才考上了大学。大学毕业之后，他参加了三十多次面试，没有一次获得成功。后来，他又参加了警察招聘，结果在五个报名的人中，四个都被录取，马云又是被刷掉的那个。甚至在应聘肯德基服务员的时候，二十多个人报名参加，唯一一个被拒绝的又是马云。除此之外，马云曾向哈佛大学递交过十次入学申请，无一例外地全部被对方拒绝。

对于自己的挫折和失败，马云曾说过："遇见的最坏的结果，也只不过是从头再来，所以没有什么大不了，途径坎坷，我们不过是多了一份人生的阅历。不要因为遇见挫折就轻易放弃，因为一旦放弃，就再也找不到理由让自己坚持下去。把微笑送给自己，你就看得见生活的美丽。"

马云对于失败的态度，着实令人心生敬意。如果是一般人，在遭受如此多次的失败之后，恐怕已经对生活失去了信心，再也不愿继续尝试，以免再次遭受失败。可是马云没有，他依然坚信自己能够成功，即便眼前的现实让人绝望，他依然不断尝试。在经历N次的失败和N+1次的尝试之后，马云终于靠阿里巴巴功成名就，成为众人眼中的时代骄子。

无论遭受多少次的失败，马云都没有放弃自己的尝试，他将失败看作"一份人生的阅历"，失败的次数越多，人生的阅历就越多，有了越多的积累，成功的可能性也就越大。这是一种不同于常人的格局，是一种与众不同的认知，正是这种认知，让马云在经历了无数次的失败之后依然能够顽强起身，上演了一出从悲剧到喜剧的精彩人生大戏。

马云的经历告诉我们，失败和挫折并不可怕，可怕的是失败之后便失去了尝试的勇气。在摔倒之后，不是选择"从哪里摔倒就从哪里爬起来"，而是选择就此趴在地上，宁可被人嘲笑也不愿再度起身。要知道，如果你害怕失败，不敢再进行尝试，那么你注定无法见证成功，人生也只能以失败作为终点。

借助比尔·盖茨的影响力

在人的内心深处，对权威人物总会表现出信任和服从，这是因为权威人士往往是其所在行业的佼佼者，他们所说的话，常常让人觉得可信度更高，出错的概率较低，跟在权威人士后面，通常会有较高的安全感。在这样的情况下，个人的压力将会得到有效的缓解。

马云在成名之前，也对权威有着充分的信任。只不过，他不仅信任权威，更懂得利用权威来增加自己的影响力。因为马云很清楚，同样一句话，从默默无闻的马云嘴里说出来，和从比尔·盖茨嘴里说出来，那效果绝对是大不一样的。

在创业初期，马云的话并不像现在这样分量十足，所以难免遭遇一些尴尬。为了摆脱这种局面，马云来了一次"狐假虎威"，假借比尔·盖茨的名义，说出了自己想说的话。

对于这件事情，马云后来这样说："很多人创业想发财、想赚钱，为了生存而创业。也许大部分人是这样，我觉得我们去创业的时候，是要证明自己是对的，证明自己对的是什么。我们要证明我们可以通过互联网帮助很多人获得财富，互联网会改变人类生活的方方面面，这句话是我说的。

"当时我说互联网将改变人类生活的方方面面，没人理我，我就改成比尔·盖茨是这样说的。我们1994年、1995年开始执着地走这条路，确定互联网要改变生活，我们要帮助中小企业，帮助创业者，帮助弱势群体。"

在马云创业之初，没人愿意相信他，他的想法和努力也并不受人认可，面对这种情况，马云机智地借助比尔·盖茨的名声来达到自己的目的。之前无论马云如何呼吁，人们都不愿相信的话，因为有了比尔·盖茨的名号，立刻受到了众人的认可，马云也终于开始受到人们的关注。

如今，马云说过的很多话也被人们广泛引用，甚至被视作经典，对此，马云笑称："有些话，我真不记得是不是我说过的。"很多话也许只是马云在不经意间说出来的，但是因为是马云说的，所以便具有了极大的权威性和说服力，一如当初马云借助比尔·盖茨的影响力一样。对于这种现象，马云有一句话可以作为很好的总结和阐释："当你成功的时候，你说的话都是真理。"

2003年，阿里巴巴在B2B领域的发展已经呈现了良好的趋势，但是究竟应该怎样往下走，马云也非常迷茫。

"当你在第二、第三的位置上时，可以跟着第一走，但是站在第一的位置上，往往不知道该往哪里走，因为第一没有参照。当时我做出的一系列决定，凭借的是使命感。

"爱迪生企业的使命是什么？Light to World（让全世界亮起来），从企业CEO到门卫，大家都知道要将自己的灯泡做亮、做好，结果现在'打遍天下无敌手'。我们再看另外一家公司——迪士尼。迪士尼公司的使命是Make World Happy（让世界快乐起来），所以迪士尼所有的东西都是令人开开心心的，拍的戏也都是喜剧，招的人也是快乐的人。"

　　阿里巴巴发展到如今这个水平，已经是行业中的领头羊，这个时候，已经无法从本行业内得到外力的帮助，但是，马云认为，可以汲取其他行业中优秀公司的影响。马云这样一个举世闻名的人，依然借助别人的力量来发展自己，这在很多人看来有些不可思议，但是马云并没有觉得颜面无光。正是这种借助别人的思维方式，使得马云和阿里巴巴不断前行。

　　当我们自己的言行或表现难以引起别人重视的时候，可以适当考虑借助外界的力量。虽然我们不能像马云那样借助比尔·盖茨的影响力，可是我们可以借助相关名人的声望，为自己壮大声势，得到别人更多的关注。

　　当然，有一点需要特别注意，那就是不能歪曲事实，不能为了自己的某种利益而用欺骗的方式去得到别人的关注。歪曲事实的行为，就已经不是"借"了，而是造谣，说得再严重一点，很有可能就是犯罪，一旦碰触法律这条底线，整个人生就会留下难以抹去的黑点。

格局 决定你的人生上限

第三章

———

心态格局：驱散不良心态，为生命打开另一扇窗

———

马云说："人生到了最后，不管你多么出息，不管你多牛，都要去火葬场。不管你多伟大，历史上就像秦始皇一样，我们中学的课本上就三行字，你还想多伟大？"人生在世，心态对一个人的成长具有十分重要的意义。良好的心态，会让人看到生命中的精彩和阳光；不良的心态，则会让人沉迷于生命中的遗憾和阴霾。可以说，想要突破自己的极限，发现生命中更多的精彩，保持良好的心态是一种必然。

接受真实的自己，爱上这样的自己

马云语录 >>

人生到了最后，不管你多么出息，不管你多牛，都要去火葬场。不管你多伟大，历史上就像秦始皇一样，我们中学的课本上就三行字，你还想多伟大？我觉得我们每一个人都知道我们是人，我们来到这个世界体验、经历，让自己快乐，让别人快乐，这是我最近想的越来越多的事，在公司内部也想和大家分享经验。

在很多人的印象中，马云是一个真性情的男子汉，这一点不假。尽管他没有伟岸的身材，没有俊俏的长相，可是他的胸膛中跳动着一颗直率真诚的心。对于自己的一切缺点，他从不讳言，总希望以最真实的姿态出现在大家面前。

作为一位知名人物，马云没有摆架子，没有隐瞒自己的种种过往。在他看来，每一种挫折都是很好的经历，更加丰富了自己的人生。面对这样一个真实的马云，谁能不动容呢？

马云毕业于杭州师范学院，一所在中国国内都不算很著名的大学，但是成为人中豪杰的马云，并没有嫌弃自己的母校，而是对它充满感激："前两天我刚从美国回来，在美国参加会议的时候有人问我，我的英语是哪里学的，我说中国杭州师范学院！在我们公司，尽管有来自北大、清华，也有来自哈佛、耶鲁等名校的学生，但是如果你在我公司问哪所学校最好，员工都会说：杭州师范学院！没办法，因为在阿里巴巴，他们只能这么说。我是杭师院的本科文凭，很多学校想要聘我这个那个的，他们认为我是阿里巴巴的CEO，至少也应该搞个博士头衔，可是我觉得杭师院挺好的。"

在很多人看来，杭州师范学院的学历与马云的身份不符，所以希望他至少搞个博士头衔之类的，可是马云并不这样认为。杭州师范学院给了他求学的机会，这才有了让他迈向成功的可能。再看看社会上的一些人，有所成就之后就到名校进修或者挂个名誉职位，以此彰显自己的身份和地位，甚至有些人因为自己的院校不是太好，羞于谈论自己的院校。这样的心态下，又怎么指望他们脚踏实地地做出一些成绩呢？

马云取得成就之后，依然追求最真实的自己。以真实的姿态示人，让马云更爱自己，也更受认可。

马云说："我心里充满了感恩和运气，我还不如施瓦辛格，远远不如他，他带着一些钱来到美国，他有各种各样身体的好条件，我各方面还不如，我是没有半点理由在中国会成功的，跟大家所有的人一样，我们这些人包括我自己觉得，我平凡得不能再平凡了，家里也不见得多好，我们家也没钱，没势，没有一官半职，走到今天能够有这么多荣幸和这么多年轻人一起共事，我很荣幸做一个阿里巴巴网，可以和大家一起参与做淘宝网，而且一路过来真的很运气，一路过来就是那么顺利，很多的困难你今天问我，你们怎么走过来的，你们怎么那么聪明，很多人说马云你太能干了，远见卓识，了不起，我有时候看到网上表扬我的话真的觉得很不好意思，哪有那么神，自己都不知道怎么赢的，但是输了我知道怎么输的，输的都是我自己一时的贪恋或者一时的冲动。但事实上我觉得每一次活动的成功，我首先感谢的是这个时代，首先感谢的是中国经济的发展，互联网的发展，还要感谢我的同事没日没夜地努力，他们是一点一滴把今天这个东西变成现实，还有任何一个故事，任何一个互联网的概念假如没有别人的参与是多么的艰难，这几乎不可能。"

阿里巴巴出名之后，马云并没有将功劳揽到自己身上，而是时刻感恩所有帮助过自己的人。马云对自己有清晰的认识，也愿意接受自己不如别人的事实。正是这种良好的心态，使得马云得到了诸多的帮助，赢得了别人难以拥有的成功机会。

无论外界怎样变化，无论别人有何看法，每个人都应该接受自己，爱上自己真实的样子，才是我们的最好表达，才是赢得别人认可的良好方式。如果一个人连自己都接受不了，又怎么能奢望别人接受自己呢？

追求理想，也要拥抱现实

马云语录 >>
你的职责就是比别人多勤奋一点、多努力一点、多一点理想，世界才会好起来！

刚走出校门的时候，如果能够找到好的单位、好的就业岗位的话，应该先就业，去学习一些东西。当你有一定积累的时候，再创业，我相信成功的概率会更大。

"理想很丰满，现实很骨感"这句话，充分说明了理想和现实之间的巨大矛盾和反差。对于很多感觉现实和理想相距太大的人来说，这句话简直就是金玉良言。可是对于马云这样的行业大咖而言，理想和现实并不那么矛盾。

马云知道现实的残酷，但也期待理想的美好。有理想才有前进的方向，看现实才知如何调整理想。两者相辅相成，是不可分割的整体。

一次，马云出访美国，其间发现西方批评中国的互联网新闻审查，马云毫不犹豫地反驳道："现在世界上最大的十家互联网公司中，中国就有四家。如果政府真是那样审查、压制，他们不会有机会做到现在的地步。我想，二十年前，在我来美国之前，我以为我已经很了解美国。但当我到这里的时候才发现，不！这并不像我从书里学到的那样。在座的朋友们，如果多次去中国，你们将知道中国也和你们想象的不一样。不幸的是，我在美国看到那么多'中国问题专家'，他们每年只去一次或者一次都没有，结果他们成了'专家'。"

对于西方世界未经调查就产生的批评，马云自然不能接受，他用自己的经历告诉对方，理想和现实之间存在巨大的差距，只有亲身体验过，才能做出准确的判断。如果一个人只是生活在自己的想象中，那么他注定永远无法看到现实的真实容貌。

2012年，马云接受了一次专访，在这个过程中，有记者追问："您一直在歌颂小公司，但阿里是个大公司，您不会觉得矛盾吗？"

马云回答道："我自己觉得，歌颂小公司，是因为这是我的理想。今天阿里是个相对而言比较大的公司，这是我们的现实。我的理想是相信小公司。事实上，我们自己对自己的拆解比谁都快。淘宝我把它拆成四家公司。很快，又有几家公司要拆。我们已经拆出十家公司了。而且，我们也不算是集团式管理，我们现在的管理更像一个组织。我们更像是一个生态系统，养出各种各样的小鸟、小兔、小猫、小狗。我们希望这个社会环境出现这种状况。大和小，怎么说呢？我们歌颂公园里各种动物，但是这个公园如果很小是不行的。我们今天在建设的是一个生态系统，不是一家大公司，而是一个真正的ecosystem（生态系统）。

"我说接下来我们可能有二十家公司、三十家公司，我们这些不叫公司，是三十个产业群，没有谁跟谁report（汇报）。但是有了这个群以后，边上会有无数个小公司长出来。因为有这棵树，长了很多松果。有了很多松果就会引来很多松鼠，最终形成了这样一个体系。

"如果你把自己定义为纯粹获取利益的机构，you died（你死了）。所以，我并不觉得是矛盾的。我一直这么讲，也一直这么艰辛，假设我今天重新开始创业，我再也不肯干这么大的公司了。但是今天没有办法，现实已经是这个样子。我能把它切成一堆碎片？问题是，AT&T（注：美国百年通讯企业）那个时候美国还可以把它拆了。请问中国政府和世界哪个机构能把淘宝拆成碎片？第一是没法拆，第二是拆了之后1000万家企业都没了，你怎么拆呢？这是个现实。"

在马云看来，理想和现实都是一个人生活的重要组成部分，而且缺一不可，即便在有些时候，理想和现实无法达成相对的统一，二者之间也不应该是矛盾的关系。理想和现实相互促进，相互印证，才能确保人生走在正确的道路上。马云的这种融合心态，使得他始终保持正确的方向，最终成功登上了事业的巅峰。

在我们身边，常常见到很多对现实不满的人，他们总觉得自己的理想是最美好的，但是现实阻挡了他们追赶理想的脚步，于是，受挫之后，他们便失去了面对现实的勇气和继续奋进的动力。随着不满情绪的不断堆积，他们的心态开始出现问题，而不良的心态又对他们的工作、生活等产生了消极的影响，以至于只能终日沉浸在自己的幻想之中。

"信"是感恩，"仰"是敬畏

> **马云语录**
> \>\>
> 我们感恩自己的公司诞生于这个社会，我们会因为今天的社会环境而成长，我们更应该为这个商业社会的完善而存在！

阿里巴巴的成功，是马云迄今为止最大的成就，为了公司，马云可谓付出了一切能够付出的东西。随着阿里巴巴的不断发展壮大，马云也赢得了越来越多的荣誉和光环。

当别人将"一代宗师""创业教父"等称号挂在马云头上的时候，当无数青睐崇拜追随马云的时候，他始终没有放松对自己的要求。马云深深知道，只有不忘初心，才能不断前行；只有积极进取，才能不被淘汰。这是马云的坚持和信仰，也是阿里巴巴不断发展壮大的根基所在。

关于自己的信仰，马云这样说："我觉得我就是我，这十多年来，我经历了人生可能常人没有这种福气去经历的各种各样的痛苦、烦恼、快乐，我知道我从哪里来，我就是一个普普通通家庭的孩子，只要证明马云成功，中国80%的年轻人都能成功，这是我当初创业的一个原因。

"今天也一样，别人看我，其实我知道他们看的不是我，是他们想象中的马云。我不敢说我清醒，但我知道我自己是谁。我知道我做了什么，我没做什么，我点燃了我的同事心里面的几盏灯，而且是巧合中点燃，这些同事共同点燃了700万家卖家的灯，形成了这个事，点了一下而已。

"我自己觉得，别人点也会亮，我只是运气比较好。所以今天我在想的问题是，我还能够点什么灯！我觉得中国经济在继续成长，未来三年到五年，我希望它能够放慢了，我们今天的脚步速度超越了我们的灵魂。我们走得越快，我们付出的代价越多，你不知道自己是谁，不知道昨天的经历。"

对于很多人来说，马云是站在人生巅峰上的人，对他，只有仰望，想要超越简直就是奢求。有的人或许觉得，马云已经功成名就，没有必要再去努力打拼，退下来享受人生，也许是一个更好的选择；有的人可能认为，阿里巴巴已经成为业内翘楚，即便发展停滞，也能在领先的位置待上一段时间。可是对于马云而言，阿里巴巴的成长和发展并没有尽头，他的希望是让阿里巴巴变成生存102年的公司，在这个目标的指引下，马云和阿里巴巴都不会放松警惕。

无论是上班族还是创业者，保持初心和自己的信仰都是极为重要的。它们是前进路上的指明灯，帮助我们不断变强、变好，最终成为一个更加优秀的自己。

担心常会有，庸人自扰之

马云语录
>> 互联网是影响人类未来生活30年的3000米长跑，你必须跑
得像兔子一样快，又要像乌龟一样耐跑。

有一点不用担心，你们一定会遇到眼泪、冤枉、误区、
倒霉等各种事件，一定会碰上，这个不用担心，你碰到
这个就是早知道会来的。

　　人生之路上，总有这样那样的问题出现，总有许多让人深感忧虑的事情
发生，这是生活中难以避免的情况，每个人都应该做好心理准备，以平和的
心态接受这些让人烦恼的情况。

　　马云作为阿里巴巴的舵手，自然要为阿里巴巴的发展殚精竭虑，在不断
发展的过程中，马云当然也会有担忧的时候。他说过："我最近担心很多，我
晚上老是做梦，爬山、爬梯子，每块石头都抓不住，可能心理压力挺大，其
实我心理压力最大的是担心年轻人。我们没有办法，必须边跑边干。我不承
诺你发财，不承诺你升官，你在这个公司里面有很多的磨难、委屈、不爽、
呻吟……但我承诺，经历过这一切以后你才会真正知道怎样才能打造伟大、
坚强、勇敢的公司。"但是，马云并没有让这些担心困扰自己太久，而是在

担心过后迅速调整状态，让自己以较好的精神面貌去迎接新的挑战。

有一次，马云应邀到清华大学进行演讲，他说："人生最后不管今天多么的成功，刚才学会计的学生说的，你最后死的时候才能够看看你到底是赢了还是亏了，所以我觉得我们刚刚开始起步。我也相信今天毕业以后在座很多人都很担心，各种各样的担心，担心毕业以后我是学经管的，能当老板吗？我能找到一个好老板吗？能够找到好公司吗？

"其实这些担心都有，每天都有。我刚创业的时候天天担心能不能活下来，到后来我担心这个公司会不会长大，到今天长大了我担心它会倒下，现在的担心比以前多多了，我们每时每刻处于这份担心中，担心很正常，不担心才不正常。所以我想给大家的建议，也是真实的感受，这三十年来，我天天在担心，但是我只是担心自己不够努力，我担心自己没看清楚灾难，我担心自己没把握好机遇。但有一点不用担心，你们一定会遇到眼泪、冤枉、误区、倒霉等各种事件，一定会碰上，这个不用担心，你碰到这个就是早知道会来的。"

社会上的每一个人，都会有自己担心的事情。学生怕考试成绩不好，家长怕孩子遭遇危险，职员怕工作中出现失误，老板怕职员不努力工作……每个人担心的事情可能不尽相同，但是担心的心情同样让人感觉烦躁和焦虑。关于这一点，马云还说过："爸爸妈妈是永远担心孩子的。但是要看得通透一些，简单一些。有些人会担心讨不到老婆，讨了老婆又担心不会生孩子，生了孩子又担心会不会这样那样，天天要担心，这样怎么行！"马云在社会中历练那么久，经历了很多在校学生未曾经历的事情。马云用自己的实际经验告诉学生们，担心总是会有的，无论想与不想，它总会在该来的时候来到。与其整日提心吊胆，倒不如放宽心，在不幸的事情到来时再进行有效的应对。

相信自己，希望就在不远的地方

相信很多人都知道，马云是一个非常自信的人，常常说出一些语不惊人
死不休的豪言壮语。在阿里巴巴成立之初，马云就曾说过要让阿里巴巴成为
世界排名前十的公司。那时，人们对马云的评价的是"大忽悠"，很多人认
为他只是在吹牛而已，更有人等着看马云把牛皮吹破那一天的悲惨境况。

对于别人的评价，马云没有反驳，没有辩解，而是通过自己的言语，向
自己的团队传达着自信的理念。当马云一点点实现自己的目标时，那些曾经
质疑他的人，只能目瞪口呆地闭上自己的嘴巴，羡慕地看着马云在互联网的
海洋里遨游。

1999年，中国消费者对电子商务还没有充分的认知，所以当马云说出要将
阿里巴巴建设成世界排名前十的公司时，很多人对他嗤之以鼻。

事实上，不仅外人不敢相信，连阿里巴巴自己的员工都看不到发展的方向。当时，阿里巴巴的商务模式并不被看好，与别人谈合作，搞融资时，马云常常吃到闭门羹。但是，马云并没有气馁，他坚信自己的选择是对的，相信电子商务会有光明的前景。他常常鼓励员工说："从现在起，我们要做一件伟大的事情。我们的B2B将为互联网服务模式带来一次革命！我们要建成世界上最大的电子商务公司，要进入全球网站排名前十位。"

马云的自信感染了阿里巴巴的员工，所以即便工资都发不出来的时候，员工们依然坚定地和马云站在一起。终于，当时间来到2013年，阿里巴巴平台实现了15000亿的交易额，成了当之无愧的全球第一。短短十几年的努力，马云不仅兑现了当初的豪言，也让自己从"大忽悠"变成了商界的神人。英国前首相卡梅伦、美国前总统奥巴马等各国政要，先后接见了马云这个来自中国的自信商人。

对于自己和阿里巴巴的成功，马云说："我得感谢阿里巴巴全体员工，是你们把我吹过的牛都圆了起来，外界只看到了我们的高调，却不了解我们长达数年的坚持和等待。"

马云成功了，而且是在别人并不看好的情况下。这一切，得益于马云的自信，他用自信感染自己的员工，让所有的员工都建立起相同的愿景，马云说："一次次失败的积累，只要不把我打死，还会再来过，眼下的困境不是最重要的，关键是心存理想，把握自己的未来，看到事物积极的一面，改变自己。"在自信的引领下，在所有人的共同努力下，阿里巴巴终于实现了最初的目标。

有句话说得好："世界上本没有神，只不过是有人做到了常人难以做到的事，于是就成了神。"马云，就是这样一个人。当外界质疑他，甚至嘲笑他的时候，马云都没有放弃自己。他始终坚信自己是对的，自己的梦想终究能够实现。

　　孙正义曾经这样评价马云："马云是唯一一个十年前对我这样说，十年后依然对我这样说的人。"十年的坚持，源自内心深处的强烈自信，当一个人能够为自己的梦想付出十多年不间断的努力时，他很难不成功。时刻相信自己，再往前一步也许就是成功。

保持激情，才能将激情传递出去

马云语录 >>

一个一流的创意，三流的执行，我宁可喜欢一个一流的执行，三流的创意。

我相信未来的三十年和五十年，人类要学会放弃什么，人们要懂得什么东西是我不要的，这才是真正的智慧。只有你知道什么是不要，你才能走得更远，才能走得更好，走得更久。

一般来说，成功人士都具有十足的激情，激情让人充满斗志，让人能够在一件事情上长期坚持下去。假如一个人做事只有三分钟热度，往往是很难有所成就的。从创立阿里巴巴的那一天起，马云就时刻表达着自己的激情，并将激情传递给自己的员工。

马云说："对阿里巴巴来讲，未来30年要看清楚，未来10年、20年、30年，这个社会碰到的最大的问题是什么。如果说今天这么做，10年以后一定会有这样的问题，20年以后一定会有这样的问题，那么你今天开始做，坚定不移这个方向，那时问题出来的时候，你能解决这个问题，这就是未来的战略。"

马云要求阿里巴巴的员工保持长期的战略眼光，自己自然也需要保持持久的激情，通过相关制度和公司文化的传播渠道，马云用自己的激情去带动整个阿里巴巴。

在一次内部员工讲话中，马云说了下面这样一段话："公司到现在这个状态，我觉得每个人都有功劳，但是功劳都是过去的。这个公司离我们心目中真正的成功还太遥远。如果按照一个民营企业，按照一个土老板的想法，我们这些人，绝大多数人都不用干了，别干了，累死了，换个工作，搞得轻松一点，这一辈子就行了。这样我们很有可能像80年代、70年代的万元户，特有钱，当时女孩子看到万元户都愿意嫁给他，家里养鱼养猪的，大户人家。那些万元户后来没有一个起来的，乡镇企业发展非常之快，乡镇企业不倒的到今天就鲁冠球。

"我们反思这么一个问题，我们特别不希望阿里巴巴老的员工、老的干部就像当年的万元户，我特别不希望我们这些人熬了五年八年，一会儿就没了。这些钱现在来看不少，未来看不算什么，我们公司还在布局之中。我们要做102年，这不是一个口号。我每天都在想，北京也好，全世界也好，人家的百年公司最重要的基因是什么？我们还要走94年，电子商务才做了20年，如果我们做20年的话，光靠B2B不行，我们加上淘宝、支付宝，整个大局合起来，整个产业链打通，才有可能走20年、30年。30年以后可能是一个新的行业，我们有可能进入生物科技，有可能进入月球探索，那个时候我肯定不是CEO，也不知道下一个CEO会带到哪里去。

"但是文化里面，企业价值观不变。30年以后，我想我们这些人死掉的可能性不太大，30年、40年以后的CEO还是要听我们的，我们的文化、价值观。我们等于是长老院里面的人，我们还是要决定我们认为对的事情。"

马云是有很高的追求的，对于阿里巴巴，他希望是做102年，也就是说，他的激情要一直持续到自己做不动为止。对于任何一个人来说，这么长久的激情都是很难坚持的，但是，想要成功，对工作充满激情是十分必要的。马云不仅对自己有这样的要求，对于员工也有同样的要求，因为他很清楚，阿里巴巴作为一个整体，必须所有的人都保持激情，才能一起创造辉煌。

激情的言语可以感染很多人，但是只有自己保持激情，才能产生更强的感染力。想要在工作和生活中取得更大的进步和成就，就一定要长期保持激情，并通过自己的方式向身边的人传递激情，这样我们的激情才会越来越多，而不会在别人消极的影响下逐渐消亡。

不求尽善尽美，但求问心无愧

马云语录

>>

人家说六十知天命，我四十五岁不到就开始知天命，知天命不是悲观而是乐观，知道未来还能干多少年，还能活多少年，知道活下来能做什么，我想做什么事，这些想清楚之后我越来越积极。

马云对阿里巴巴的期望很高，为它付出的心血也超乎很多人的想象。马云希望创建一家世界著名的公司，希望这家公司能够成为吸引"凤凰"的梧桐树。然而，任何一家公司的成长和发展，都难以做到尽善尽美，阿里巴巴也不例外。

马云对阿里巴巴员工的高要求，并不意味着所有的人都能以较高的要求参与到工作中，在某些时候，公司员工可能会给公司制造一些麻烦，令公司陷入被动的境地。对于所有的公司来说，这种窘境都是非常令人痛苦的，处理起来十分棘手。

当阿里巴巴公司出现问题甚至是负面新闻时，马云并没有急于遮掩或辩解，而是以自己最大的努力，找到相对合理和完美的解决方案。虽然无法做到尽善尽美，但是力求做到问心无愧。

阿里巴巴公司的历史上，曾经发生过一起令诸多消费者受到损失的"欺诈门"事件。

阿里巴巴公司在对事件进行调查之后，发布了一则公告。公告称，在过去的两年时间里，2000多名阿里巴巴网站的会员——"中国供应商"有欺诈国际买家的嫌疑，更严重的是，有将近100名阿里巴巴员工与这些供应商有合谋的情况。

对于任何一家公司而言，这都是一桩不折不扣的丑闻，更何况发生在阿里巴巴这样的世界性公司里。由于这一事件，阿里巴巴的诸多高层受到牵连，包括CEO、COO等皆引咎辞职。

虽然高层的离职对平息风波起到了一定的作用，但是阿里巴巴的信誉受损已经成为既定的事实，销售方面也因这一事件受到了不小的影响。

在随后的一段时间，有记者询问马云关于这一事件的问题。马云回答说："这个是不是最好的解决方案我不知道，但这是最正确的方案。我没有办法追求完美，天下没有最完美的解决方案。真有99名员工涉及这个事情的话，解决的方案只有一条，一定有人为此付出代价，而付出代价最大的，一定是CEO。"

"纸终究包不住火"这样简单的道理，马云非常明白，所以当问题出现的时候，马云以最快的速度做出处理，最大限度地弥补损失。面对记者的问题时，马云也没有选择逃避或掩盖，只是非常诚恳地表达了自己的遗憾和如此处理的原因。

尽管已经对消费者造成深深的伤害，但是马云积极的表现已经表明了他愿意为消费者负责的态度。这种心态虽然不能完全挽回消费者的损失和公司的信誉，但是在某种程度上能够赢得消费者的信任，为公司未来的发展创造良好的条件。

　　在日常生活中，也会发生很多预料之外的事情，有些事情甚至已经超出了我们的能力范围，当这些事情发生的时候，既然无力进行改变，就没有必要非得要求尽善尽美，只要能以最好的心态，尽最大的努力做好应做的事情，那么也就没有什么好遗憾的了。

第四章

——

品质格局：培养优秀品质，塑造绚烂人生

——

马云说："诚信绝对不是一种销售，更不是一种高深空洞的理念。它是实实在在的言出必行，是点点滴滴的细节。诚信不能拿来销售，更不能拿来做概念。"在马云的意识中，诚信是诸多优良品质中较为重要的一种，而各种优良品质的结合，则是一个人事有所成的关键所在。具有优良品质的人，总能在生活中展现自己与众不同的一面，他们人性中的那些闪光点，让他们更容易受人认可，更容易得到别人的支持，也更容易得到不断发展的资源。

CEO最大的财富是诚信

马云语录 >> 诚信绝对不是一种销售，更不是一种高深空洞的理念。它是实实在在的言出必行，是点点滴滴的细节。诚信不能拿来销售，更不能拿来做概念。

在很多公开场合中，马云都说过相同的一句话："我讲的话可能没有一定的体系，但我说出来的每一句话都是真实的。"这就是马云，说真话，做真事，尽全力为自己说过的话负责。

曾经，马云为了一个承诺，在大学做了六年的老师，即便身边的同事一个个离开，一个个去寻找新的机会，马云依然不为所动，兢兢业业地完成属于自己的工作；在创业之初，马云说出过很多在外人看来有些痴心妄想的豪言壮语，但是在马云眼中，他说的每一句话都是真诚的承诺，为了兑现承诺，需要付出自己最大的努力。正是这种一诺千金的格局，让马云变得与众不同，也做出了别人难以做出的成就。

马云始终坚信，只有信守诚信的人才会得到成功的青睐。在阿里巴巴，诚信是不可触犯的"天条"，对于假冒伪劣产品，马云处理起来从不手软。他的要求是打假资金上不封顶，打假行动不遗余力。严厉的制裁措施，不仅震慑了投机取巧的商家，也很好地保护了消费者的权益。

关于兑现诺言，马云曾经讲过这样一个故事：

2004年我们有一个顶级销售，他说马总我今年要完成700万，我问他说你今年做了多少，他说100万。我说700万很难的。他说我一定做得到。他说我们打一个赌，如果他做700万做到80%，全世界任何一个地方他选，我去请他吃饭。如果他失败，年终大会是杭州最冷的一天，他要把衣服脱光跳到杭州西湖里去。然后第二年他非常努力，最终续签率是78%，然后我说公是公，私是私，请客吃饭还是要的，但是我们跳湖还是要跳的。那天我们吃完饭之后，我说走，跳西湖去。后来我们就真的到西湖边，他脱光了衣服跳了下去。所以这个就是说，不要轻易地打赌。

在一些人的头脑中，打赌更多的是含有玩笑的成分。但是，在马云这里，无论以怎样的方式进行承诺，都应该尽量去兑现。如果确实尽了最大的努力，却依然没有实现诺言，那么"公是公，私是私"，人情要讲，该付出的也必须付出。马云对一诺千金的执着追求，是他为人处世的良好品质，也是阿里巴巴能够不断壮大的坚实基础。

现代社会，对信用的重视程度逐渐提高，个人信用在各种贷款、经营方面都发挥着重要的作用。任何一个人，都应该将遵守信用放在重要的位置，毕竟它和我们的生活息息相关。一旦个人信用记录不良，生活中的很多基本需求都无法满足。尤其对于进入职场不久的年轻人来说，刚刚接触社会，将来有很长一段时间要在社会中摸爬滚打，如果有了不良的信用记录，对今后的工作和生活都将产生长期的不良影响。

因此，无论是在什么情况下，做出了什么样的承诺，都要努力去兑现。当然，做出承诺前，一定要考虑清楚，超出自己能力范围的事情，千万不要答应，明知无法兑现还要去承诺，那就不是重视承诺，而是不自量力了。

以真心换真心，人生之路大不同

马云语录
>> 少许诺，多兑现，做到的永远比豪言壮语更有力量。
如果你们毕业于清华大学，请大家用欣赏的眼光看看杭师
大的同学，如果你毕业于杭师大，请用欣赏的眼光看看自
己，因为这社会上永远充满变化，永远充满着各种奇迹。

马云的成功，让很多人惊叹之余，更产生了对马云的崇拜和追捧。很多
人觉得，马云的成功得益于他的与众不同，所以很多人开始追求标新立异，
以求引起别人的注意。殊不知，马云的与众不同并非只是外在的表现，而是
源于他内心深处不同于常人的优秀品质。

马云的修养、经验、气质等，都有他的过人之处，我们能从他身上学习
到很多东西。这些素质的完美融合和发挥，才让我们看到了一个处处闪光的
马云。

马云能够站在如今的位置，能够赢得许多人的尊重，并不是因为他有
独树一帜的个性，而是因为他懂得尊重别人。阿里巴巴发展到今天这样的高
度，很多人觉得都是马云的功劳，可是马云并不这样认为，不然他也不会不
止一次地在公开场合表态"阿里巴巴可以没有马云，但马云不可以没有阿里

巴巴"。

让我们一起看看，马云是怎么说的：

阿里巴巴可以没有马云，但马云不可以没有阿里巴巴。有我在跟没有我在，公司其实差不了多少。经过十年的发展，我们公司从18个人到今天的18000多人。2009年我们招收了5000名新员工，相当的不容易。2009年经济形势不好，大学生就业困难，我们就尽量多招一些人。有人说，这么一搞我更神了。

这十年来，我们犯的错误比取得的成绩多太多。今天别人想知道的是，我们取得了哪些成绩，其实我们没觉得有什么，只是我们活下来了。从1999年到现在全世界至少不下2000家做企业电子商务的同行，跟他们相比，我们真的活下来了。有人觉得我们是得到了风险投资，可在当时获得风险投资的公司活下来的就剩我们了。

我们这一代人是很幸运。在上市的前一天，我把阿里巴巴全体员工集中在一起，这些人现在最少的都是百万富翁。我问他们，你们为什么这么有钱。我问我自己为什么这么有钱。是因为我们比别人勤奋吗？我自己感觉比我们勤奋的人多太多了。是我们比别人聪明？我看更不靠谱，以前从来没有人说过我聪明。

小学我读了七年。高考考了三年。后来考了师范学院，专科，当时大学男生少，我就"转"成了本科。我曾应聘了很多的工作，第一年我差了18分高考失败，那年我大约在杭州应聘了十份工作，没有一个单位要我，最后我去踩三轮车干了两个月。所以一路走来，我并不觉得我聪明。

2001年、2002年，互联网经历了最寒冷的冬天。没有人愿意到互联网公司来，阿里巴巴又是个古怪的名字，几乎没有什么人相信电子商务，那时我们招人特别难。2003年、2004年，互联网回暖，很多比我们有钱的互联网公司先上市了，很多员工都跳槽了，能干的人也创业去了。

过了几年突然我们公司上市了，每个人都变成富翁了，大家感觉都特别好。但是我认为，这不是因为我们聪明，只是因为我们很有运气。今天我们取得了一些成绩，回过头去看，如果重新来一遍，我还是这样走，会不会成功，会不会走过来，我认为，概率非常低。

面对诸多的荣誉和赞扬，马云没有独揽功劳，而是将功劳记在阿里巴巴员工的身上。他深知，没有员工的紧密合作和努力工作，自己一个人是什么都做不成的。所谓"士为知己者死"，马云懂得尊重别人，懂得尊重自己的员工，这让他的员工愿意为他更加努力地工作。

想要成为一个受人尊重的人，首先要懂得尊重别人。一个将尊重别人视作良好习惯的人，往往更受别人欢迎，在遇到困难时，会有更多的人愿意出手相助；在出现分歧时，会有更多的人愿意表示支持……优秀的品质，是一个人最好的明信片，即便不做宣传，别人也会帮你宣传。

知错就改，善莫大焉

马云语录

>> 我觉得网络公司一定会犯错误，而且必须犯错误，网络公司最大的错误就是停在原地不动，最大的错误就是不犯错误。关键在于总结，我们反思各种各样的错误，为明天跑得更好，错误还得犯，关键是不要犯同样的错误。

"人非圣贤，孰能无过？"这句话很多人都知道，可是有些人只不过用这句话来为自己的错误开脱，而没有想过勇敢地承认错误，做一个知错就改的人。实际上，对于"有过"的人，人们都能理解，但是对于有错不改的人，人们往往会嗤之以鼻。可以说，在某些时候，承认错误非但不会造成不良影响，还能增加你的个人魅力和可信程度。

在这方面，马云可以称得上良好品质的表率。他明白"知错就改，善莫大焉"的道理，所以愿意坦陈自己的不足和错误。在这个过程中，马云并不需要慷慨激昂的语调，也不需要连篇累牍的道理，他只是很平静地讲述自己犯过的错误，并阐明自己的观点。看似平平淡淡，其实已经让人心中泛起波澜。

身为阿里巴巴的掌舵人，马云曾不止一次地在公开场合提及自己所犯的错误。有一次，马云被问到如何平衡工作和家庭的关系这个问题时，他平静地讲述了自己曾经犯的错：

"我前年有一次非常失败地跟员工沟通，我们很多员工问我这个问题，工作和家庭怎么平衡？然后他们请了我还有几个人坐在台上，也是这样，我们一本正经地跟他们讲生活和工作是可以平衡的，越讲越不对劲，晚上回到家我跟大家道歉，我说假话，因为我也没平衡。我是真没平衡，后来我发现，真正的创业者是平衡不了的，也不应该去平衡。

"如果你选择了创业这条路，选择了希望往前走，你就没有办法想平衡，你只是自己把生活和工作融为一体，并在其中获得乐趣而已。我告诉大家创业是艰辛的，如果有人说我可以把工作和生活分得很开，我不相信他事业能做得很好。

"我坐在马桶上、冲着淋浴的时候在想工作，但是我的家人理解我，每天忙于工作，和家人就疏远，都是这样的。如果你选择了，我很抱歉，已经在路上的你要么走下去，要不然你离开。"

马云拥有丰富的阅历，在面对提问时，他有很多种回答问题的方式可供选择，可是他并没有像常人那样讲一些貌似合理的大道理，或是以自己的权威让提问者接受一些自己的观点。而是通过讲述自己曾经的错误来作为解答。通过这样的方式，马云不仅表达了自己的观点，也给了提问者自己思考的空间。从这一点上，就不难看出马云是一个十分睿智的人。

每个人都会犯错，这是人之常情，如果在犯错之后不敢承认，而是选择遮掩和隐藏，那就需要撒谎或寻找借口。有人说，撒了一个谎，就要用一百个谎去圆它。与其如此耗费时间和精力，何不在犯下错误的时候就主动承认呢？

只有敢于承认错误，才能正确认识错误，才能理性分析错误出现的原因，并为今后避免相同的错误做好准备工作。从错误中学习，在错误中进步，才是我们对待和处理错误的正确态度。

真正的企业家是不抱怨的

马云语录

>> 我想告诉年轻人的是，如果大部分人都在抱怨，那就是机会所在。有些人选择抱怨，而有些人选择改变自己，帮助改变别人。机会就在那些被抱怨的地方。我永远相信这点，我们也是这样一步步走到今天的。

美国作家威尔·鲍温写过一本超级畅销书，名叫《不抱怨的世界》，全书只有一个中心思想，那就是抱怨不如改变。在美国《时代周刊》和《纽约时报》联合发起的"影响你一生最重要的一本书"的调查活动中，这本书获得的票数高居第二。

抱怨是一种无益的举动，不仅会消耗大量的能量，还会让身边的人也受到这种消极情绪的影响。当一个人不断抱怨时，身边的人也会因为他的影响而变得意志消沉，毫无斗志。

马云曾说："不成功的人总在怪别人，真正的企业家是不抱怨的。"他认为，一个惯于抱怨的人，永远无法取得成功。

年轻时的马云，高考失败，应聘失败，创业也失败，各种各样的失败接踵而至，让人觉得马云的人生注定就是失败的。

但是马云并不愿接受这样的命运，每次失败之后，他都能坚强地站起来，勇敢地接受下一次的挑战。在马云的字典里，似乎没有"抱怨"这两个字的存在。

创立阿里巴巴之后，尽管生活艰难，马云依然充满激情地鼓励自己的员工："最大的失败是放弃，最大的敌人是自己，最大的对手是时间。"

在美国纽约演讲时，马云说："过去十五年，我常常说自己是一个瞎子骑在瞎老虎背上，不过那些骑在马上的专家都失败了，我们活了下来。因为我们考虑的是未来，我们相信未来。我们改变自己。我们从不抱怨别人。我在我的公寓里告诉团队，我们必须证明自己，因为如果我们能成功，那中国80%的年轻人就都能够成功。"

2014年，在出席"伴你启航"论坛时，马云鼓励年轻人说："只要有抱怨的地方、不合理的地方、有人投诉的地方，就有创业机会。这个世界机会太多了，你就看看每天互联网上抱怨的事情那么多，这些都是机会。你加入抱怨永远没有机会。你要将别人的抱怨、投诉、仇恨、不靠谱的地方变成你的机会。"

马云做淘宝、支付宝，就是从客户的抱怨中发现了商机，并在别人的抱怨中不断改进、做大，终于让阿里巴巴走向了全世界。

无论遭遇何种挫折，面临何种境况，马云从来都不会抱怨，在他看来，抱怨无益于改变自己的处境，而只会徒增自己的烦恼。但是，不抱怨的马云，却能从别人的抱怨中发现商机，不得不说，这"抱怨"恰恰为他提供了机会。正是因为不抱怨，马云才有了平和的心态，才能在平和中发现抱怨者的需求，进而为自己创造出商机。

喜欢抱怨的人，只会关注自己遇到的种种不公或挫折，却没有精力去发现突破的可能。而不抱怨的人，则能将负面情绪转化为正能量，为自己的成长和发展提供更多动力。

谦虚低调，成功是摸索出来的

马云语录
>>
创业最大的挑战和突破在于用人，而用人最大的突破在于信任人。

我以前有过很多想法，年轻的时候，我学外语最大的理想是早上在伦敦吃早饭，中午在巴黎吃午饭，晚上在海滩边走走，而现在，我发现我最讨厌的就是这样的生活，越大越累。

很多人都喜欢"鸡蛋里挑骨头"，喜欢从别人身上发现缺点。可是，要从别人身上发现优点，对于大多数人来说就是一件十分困难的事情了。

渴望具有较高的地位，赢得他人的信任，这本无可厚非，但是一旦过度，可能会起到相反的效果。俗话说"满招损，谦受益"，想要在人群中脱颖而出，一定要学会谦虚低调，放低自己的姿态才行。

有一次在深圳，马云做了一场即兴演讲：

"我记得在飞机场买过一本杂志，我说这个人怎么这么厉害，翻阅一看这个人是我。其实根本不是我，夸张。但是，不要盲目地去追求东西，第一次创业的时候，你想做什么，到底要做什么？不要受外界影响，你自己就要确定你今天就是要做这个事情，你要有决心。

"我记得我在做阿里巴巴的时候，有一个机会，有一个很大的公司给我的年薪是150万美金，不包括奖金和股票。这是很大的诱惑，但是我没有答应。我家人说我是疯子，这么多钱，你不要。我就是说这个机会我不要，我就是想创办一个中国人的网站，所以有时候你要做什么这种愿望很强烈的时候，你会抵挡住很多诱惑。

"现在很多企业不问你能做什么，因为这个世界上能做什么的人，比你多多了。成功的人说不清自己是怎么成功的。这两年我不跟别人探讨阿里巴巴的模式。今天我讲的未来五年是很模糊的。说心里话我真的不了解阿里巴巴的模式是什么。说实在的，真的有好的模式，你不要告诉别人，是不是？你们家床底下有一个金罐，你不可能去告诉所有人。

"所以好的模式是摸索出来的，一个月前我在亚布力会议上面，参加企业会谈，有几个人在讲如何成为成功的企业家。后来我分析了他们几个人，他们基本上都是失败了几次。一般来说，成功的人，往往说不清楚自己是怎么成功的。中间很多很多的原因，理由你不知道，还有很多的运气，我觉得阿里巴巴这几年来，我们犯了无数的错误，但是我觉得那不是错误。在创业过程中，很多的灾难你预料不到，说得出成功的人是别人。中国企业绝大部分今天还没有到这一步，中国绝大部分企业就是战术，战术就是活下来，等你活下来了，你到了一定的规模，一定的时间，你再去考虑战略。"

马云的成功，一般人难以模仿，想要做到他这样的成就，更是难上加难。但是马云丝毫不为自己的成就感到骄傲，而只是将自己的成功归结于运气。马云从不炫耀自己的成就，从不因自己的成就而表现得高高在上，他的这种品质，是成功的助力，也是生命的智慧。

还有一次，马云在与观众互动时，有位观众提问："我有两个问题，一是现在社会变化了，您当时创业是一种情况，现在是另外一种情况，如果您现在的情况是一无所有了，您还有豪情说自己想做创业教父吗？"

马云回答说："第一我不知道创业教父是什么东西。我没有想过做创业教父，每一代人都说我们这代人比你们那一代难多了，每一代人都这么说。我可以说我的能力比十年前强多了，但是按照今天的能力从十年前再走一遍一定走不过来。因为很多天时地利人和过去了，大家看到的只是今天的我，我更希望大家看到十年以前的我，十年以前的我和你们一样，甚至比你们还糟糕。我好几次想考对外贸易大学，但是考不上。"

很多人都知道，马云事业有成，地位颇高，但是他没有架子，总是以一副低调的姿态示人。这是马云一直以来的为人方式，他的谦虚令他赢得了人心，获得了人们的喜爱。

谦虚的人，总是会考虑别人的感受，无论做出多大的成绩，也不会出去卖弄炫耀，这样的做法，不会给别人很多压力，也不会让人感觉厌恶，由此，就给自己争取了更大的空间，赢得了更多的认同。而且，谦虚的人一般能够发现自己的缺点和不足，然后做出针对性的改变，让自己变得更加优秀。

有梦想，不放弃，你就永远有希望和机会

> 我在创业的时候，曾想证明一件事情：如果马云创业都能成功，那么80％的人创业也能成功，因此大家一定要有理想并且执着。

马云说过这样一句话："我不知道该怎么样定义成功，但我知道怎么样定义失败，那就是放弃，如果你放弃了，你就失败了，如果你有梦想，你不放弃，你永远有希望和机会。人生是一种经历，成功是在于你克服了多少，经历了多少灾难，而不是取得了多少结果。"

没错，每一个获得成功的人，都一定经历了很多不为人知的艰难和困苦，只是很多人更愿意关注成功者光鲜亮丽的表面，而不愿去研究他们曾经遭受的苦难。这并不难理解，所谓"成王败寇"，成功者总是受人追捧，失败者则无人愿意理会。

能够取得成功的人，总能坚持自己的信念和目标，即便明明知道将要面临失败，即便真的屡屡遭受失败，他们也不会轻言放弃，而是让自己在一次次的失败中越变越强，最终成为被人羡慕的成功人士。

对于自己创办阿里巴巴并伴随阿里巴巴逐步成长的经历，马云是这样描述："我们所经历的，大家看到辉煌的一面只占20%，艰难的一面达80%，创立阿里巴巴七八年以来我们都是一路挫折走过来，没有辉煌的过去可谈，每一天每一个步骤、每一个决定都是很艰难的。别人看来，我们每年发展都很快，也许这一年内我们积累了8年的经验，我们付出的比人家20年还要多。

"真正磨难来的时候是很难经受的。1996年，我们曾被三个公司骗得差点死过去。艰难会迫使你一直走下去，顺利会使人忘乎所以。最重要、最珍贵的是，犯了很多错误，走了很多弯路，使得我们更有信心面对明天的挑战。别人没想到办互联网企业会有这么痛苦，我有比这痛苦20倍的心理准备，那就不会失败。只要面对现实，敢于承认错误，总会有办法解决，有什么困难度不过。

"一路走下来，我的梦越做越大。对所有创业者来说，永远告诉自己一句话：从创业的第一天起，你每天要面对的是困难和失败，而不是成功。我最困难的时候还没有到，但有一天一定会到。困难是不能躲避的，不能让别人替你去扛。九年创业的经验告诉我，任何困难都必须你自己去面对。创业者就是要面对困难，千万不要放弃，任何时候都要勇往直前，而且要不断创新和突破，直到找到一个方向为止。跌倒了爬起来，又跌倒再爬起来。如果说有成功的希望，就是我们始终没有放弃。"

不放弃的精神，让马云从一个小人物变成了如今这个家喻户晓的著名企业家，也让阿里巴巴的初创者们都变成了百万富翁、千万富翁。他们取得的成功，不仅在于赶上了一个互联网迅速发展的好时代，更在于他们愿意坚持，即便在遭遇互联网寒冬的时候，即便在没有工资的时候，依然愿意坚持下来。这种坚持，让他们赢得了比同行更多的生存机会，也让他们有机会将阿里巴巴做成世界著名的公司。

要记住，我们的坚持一样可以让我们闯出一片属于自己的天地。无论身处何种位置，无论从事何种职业，只要能够坚持，终能获得不一样的成功。

永远不说竞争对手的坏话

在商业世界里，竞争永远是一个无法回避的话题，面对层出不穷的竞争者，只有不断提升公司的能力和水平，才能在竞争中赢得先机，获得更多的客户。

很多人对竞争非常恐惧，马云却对竞争持支持态度。他说："有竞争才有发展，因为有了敌人的存在，因为有了不服输的决心，才会努力地做好自己的事。所以，有时候，敌人比朋友的力量更大，天下没有永远的敌人，却有永远的朋友，有些时候，敌人也可以变成朋友。"

在马云看来，有竞争对手才能让自己时刻提高警惕，时刻保持高昂的斗志，这样才能在工作中保持激情，千方百计地想要更好地发展公司。

面对竞争，马云不会害怕，也不会退缩，更不会说竞争对手的坏话，因为他将竞争对手视作可以变成朋友的人。

有一段时间，阿里巴巴网站的出口企业用户会收到一些匿名的传真，声称美国"国际反伪联盟"已经将阿里巴巴定义为"世界各地假货供应商和批发商汇集的地方"。很显然，这是阿里巴巴的某些竞争对手采取的不正当竞争行为。

对于匿名传真的来源，阿里巴巴方面表示，已经掌握了一些线索，但是，阿里巴巴并没有公开指出这一龌龊行为究竟是谁做的。

阿里巴巴的发言人指出："我们认为任何企业在竞争中都应该遵守基本的商业准则，靠实力竞争，特别是作为国际企业，更应该尊重各个国家的政府及企业。阿里巴巴公司将用更好地为中国和全球企业服务来证明自己的实力。"

阿里巴巴的这个声明，让业界再一次刮目相看。但是，对于阿里人来说，这种做法实属正常。原来，在阿里巴巴创业之初，公司就有两条铁的纪律：第一，永远不给客户回扣，谁给回扣，一旦查出马上开除，这样客户才不会对阿里巴巴失去信任；第二，永远不说竞争对手的坏话，这涉及一个公司的商业道德。

在逐渐发展壮大的过程中，阿里巴巴不止一次遭受过竞争对手的污蔑、诽谤等，可是阿里巴巴都没有披露对方的名字，严格遵守着那两条铁的纪律。

即便面对恶意竞争的对手，阿里巴巴依然充满包容，他们并没有揭露真相，而是简单陈述一些事实，这给对方留下了面子，也让对方感受到了阿里巴巴的宽容和博大。这才是一家大公司应有的胸怀，也是马云高尚人格的极佳体现。试想一下，如果阿里巴巴直接揭露对方的真面目，对方必然会进行辩解甚至反击，双方的不断争执，对对方增加知名度是一个很好的机会，而对于阿里巴巴来说，除了可能给人留下没气度、涵养差的印象之外，并没有什么切实的益处。

实际上，那些采取不正当竞争手段的人，在他们对马云和阿里巴巴进行攻击的那一刻起，就已经暴露了自己低下的道德水平。以这样的姿态为人处世，必然会不断遭受失败，甚至会遭到人们的无情唾弃。

一个品质高尚的人，不仅能够做好自己的事情，也要懂得尊重自己的竞争对手，毕竟，只有良性的竞争才能促使双方不断取得进步，而恶性的竞争，只会让行业内的生存状态越来越差，最终甚至会造成整个行业的消亡。

第五章

原则格局：坚守底线，人生才有意义

马云说："八年多来，阿里巴巴每个季度考核价值观，每个季度、每个月是靠自己的使命感，每一个人都是靠自己的使命感而坚持。"在阿里巴巴，价值观占据着十分重要的位置。遵守公司的价值观，这是马云为所有员工立下的原则之一。没有原则的公司，必定无法发展；没有原则的人生，必然没有意义。树立原则，坚持原则，以原则作为人生的底线，才能为人生指明前进的方向。非但如此，人生一定会变成一团乱麻，甚至七零八落。

吹牛可以，但不能把牛皮吹破

马云语录 >>

十五年前，我跟所有的年轻人一样，只有一个梦想就是关于中国电商市场的未来。我开始努力每一天，不过刚开始，也是有很多人觉得我们公司很怪，直到今天成功了，大家开始称赞我，甚至说，我可能是外星来的，但其实我只是长得像，我本来就只是一个普通人。

在有些人的潜意识中，总会产生"外国的月亮比较圆"的想法，这并不是崇洋媚外，而是人类正常的心理现象：越是没有的东西，越想得到；越是得不到的东西，越觉得好。

在日常生活中，我们不难发现这样的规律。越是知识渊博的人，越是不愿谈论自己的学识；越是知识匮乏的人，越是喜欢到处卖弄自己的"学问"。越是功成名就的人，越是低调谦逊，不以成就论英雄；那些一事无成的人，反而喜欢夸夸其谈。喜欢炫耀自己的人，都有相似的特点，那就是眼高手低，喜欢幻想。用马云的话来描述他们，就是"晚上想想千条路，早上起来走原路"。

为什么会出现这样的情况呢？简单说来，就是因为成功人士知道何为理想，何为幻想。他们允许自己吹牛，但是绝对不能容忍自己把牛皮吹破。能做到的事情，要当仁不让地去做；做不到的事情，应坦然承认做不到的事实。这是一种博大的格局，也是马云之类成功人士的经验之谈。

马云参加一个访谈节目时，台下的观众提出了这样一个问题："我们现在关注对外贸易的形势，认为中小企业面临这样一个困境，而且阿里巴巴也一直是以中小企业为主要的服务对象的，我们想问马云先生，就是您认为您能够为现在中小企业摆脱困境做一些什么努力或者制定一些什么样的策略吗？"

马云微笑着回答："你这个问题问联合国秘书长他也做不到。但是我们每个人即使做一点点就够了。其实阿里巴巴B2B就是围绕中小企业做的，有12000名员工，大家都很努力地做一个产品。金融危机的时候，我不断呼吁，不断做努力，但是你不可能完全解决。

"就像昨天有人问我，马云你能为我们中西部贫困地区做点什么？这事又搞大了。我不知道该怎么回答，我们一直在努力，但是毕竟我不是政府，所以我提的想法是公益的心态商业的手法，商业的技能公益的手法。今天，很多人是商业的心态公益的手法，全都乱掉了，我永远相信会好起来，我们这代人不能改变中小企业的命运，但'90后'一定可以，而不是我们。

"我今天来跟'80后''90后'讲的一个点是，你们会为我们这个时代的人做出非常骄傲的成绩来，你们会为我们找回中国的价值体系，找回真正中国未来的发展。我们这代人当然也很努力，但是你们会做得更好，我相信，一代永远胜过一代。

"我仅是尽我这个时代最大的努力，但是你们这些'80后''90后'，你们有权利抱怨，但是你们没有资格抱怨，今天我们这代人有资格抱怨，但没有权利抱怨。我们应该改变它，否则十年以后、二十年以后，你们下一代全是抱怨。"

以马云的经验和在电子商务领域的权威地位，回答这个问题应该并非难事。即便无法给出确定答案，也可以抛出一些专业知识，或是给出一个没有实际意义的理论方案，这样既回答了问题，也维护了自己的面子。可是马云并没有为了面子而放弃做人的原则——做不到就是做不到，没必要刻意掩饰。这是马云真实和可爱的一面，也是很多人喜欢的一面。

在这个世界上，没有人能够仅凭一己之力就做好所有的事情，也没有人能够对所有的事情都样样精通，对于自己力所不及的事情，没有必要为逞一时之快便拼命吹嘘。一旦最后将牛皮吹破，那么肯定会给别人留下不好的印象，日后想要挽回形象都很难。

坚持原则，做企业会相对容易很多

我觉得创业者给自己一个梦想，给自己一个承诺，给自己一份坚持，是极其关键的。

如果你不能把梦想变成现实，就会变成空想、埋怨、抱怨。梦想是虚的，但是你必须把它做实。

马云是一个坚持自己原则的人，这一点很多人都深有体会。有损公司的事情，他不会做；有损公司的员工，他不会用；有损公司的客户，他不会接。无论做什么事情，马云都以自己的原则进行衡量，只要不利于公司，他都会坚决反对。因为马云坚持原则，使得很多人失去了工作、商机、金钱，这也使得很多人对马云有所厌恶，但是，马云并没有因此做出让步，他依然坚守自己的原则，最终成就了阿里巴巴今日的辉煌。

或许有些人觉得难以理解，甚至觉得马云对原则的坚持已经变成了执念。但是换个角度想一想，如果一个人连原则都守不住，你敢和他做生意吗？你敢把钱交到他的手上吗？

做人没有原则，往往会生出难以满足的欲望；做事没有底线，通常难以做出成绩；说话没有原则，注定处处伤人，难以交到真心朋友。原则，对于一个人具有难以想象的重要意义。

谈到坚持，马云这样说："我觉得就是因为我们相信我们是平凡的人，我们相信我们一起在做一些事情，那个时候认为很能干的人，相当出色的人，全部离开了我们，因为有猎头公司把他们请走了，有些人想说我不同意这个观点，我不认同互联网，或者不同意这样的方式方法，他们走到另外一个公司做创业，那些反正也没人挖，也不知道该哪儿去，闲着也是闲着，到其他公司也找不着工作，就待下去，一待待了七八年，今天都成功了。事实上也是这样，傻坚持要比不坚持要好很多。所以我觉得创业者给自己一个梦想，给自己一个承诺，给自己一份坚持，是极其关键的。"

做一件事情，坚持一天很容易，坚持一个月也不难，但是要长年累月地坚持十年八年，恐怕很多人都难以做到。尤其是在看不到前景和方向的时候，这种坚持，更是让人觉得绝望。然而，马云没有放弃坚持，和他一起创业的人也没有放弃坚持，这种坚持，让阿里巴巴逐渐成长，让他们慢慢获得成功。

马云对原则的坚持，一如既往，无论公司规模是小是大，原则始终不容改变。这原则是马云超人格局的体现，也是阿里巴巴生存的根基所在。

一次，在谈及公司生存与特权关系时，马云说明了自己的原则：

"很多人一提起做生意就觉得必须有钱，必须有关系，甚至必须有特权的支持。其实我觉得做生意需要的要素很多，但钱、特权和关系肯定不是最重要的要素。而相反因为你有了钱，有了关系，有了特权等这一些资源后反而会让你不努力去培养和锻炼自己经商必须要有的坚韧不拔的意志和能力。

"以前看过好几遍《胡雪岩》，特别欣赏他对人对事的情义和大度，但最不欣赏和不认同的就是他的'红顶'策略和思考。官和商要'勾而不结'，那就是要多沟通，要理解各自的立场和困难，共同用各自不同的方法去创造价值和解决问题，但绝对不能结合，更不能合作创利创权。

"钱和权是炸药和雷管，碰上就会炸。有权不能想有钱，有钱不能想有权。权钱结合获得利益就如同睡在炸药和雷管堆满的床上，你知道结果会如何。常听人说企业做大必须找人当靠山，我也听很多传闻说阿里巴巴背后也有多大的权力靠山，被×××控制之类。其实找大靠山的思想就如同找炸药包当床垫差不多。

"企业最大的靠山是市场，是客户，最大的支撑是员工，是信念。企业最大的保护伞就是不做坏事。做小企业不容易，做大企业也不容易。但坚持自己的原则和信念就会相对容易很多。"

无论做什么事情，马云都将原则放在第一位。在他眼中，原则不仅是自己的坚持，也是衡量事情的标准，有了这个标杆，做事情的时候才不会偏离方向。

大多数人都明白原则的重要意义，但是真要坚持下去，却比想象中难了太多。尤其是在受到外界诱惑或是看不到未来方向时，人们很可能就会抛弃原则。然而，一旦没有了原则，那么所有的一切都将变得没有意义。对此，马云说："梦想是坚持原则的动力，追求梦想的人一定可以保持原则，如果违背了原则，梦想也就失去了意义。"

遵从本性还是跟随大众

马云语录

>> 看见十只兔子，你到底抓哪一只？有些人一会儿抓这只兔子，一会儿抓那只兔子，最后可能一只也抓不住。CEO的主要任务不是寻找机会而是对机会说NO。机会太多，只能抓一个。我只能抓一只兔子，抓多了，什么都会丢掉。

在不断成长的过程中，人的思想和观点都会发生变化，对外界的认识和对世界的看法也在不断的变化之中。很多人希望自己变得越来越"成熟"，变得越来越符合社会的要求和潮流，这种心态实属正常，毕竟，想在社会上长期生存下去，就必须遵守社会的准则，满足社会的需要。

然而，如果仅仅为了跟随大众，便要放弃自己的本性和原则，那么我们也很难得到别人的认可。只知跟从而没有自我的人，就像墙头草一样，总是摇摆不定，对于这样的人，有谁敢完全信任呢？

有些人或许觉得，自己的本性和社会潮流是一对矛盾的存在，两者之间很难进行调和，自己只能从二者之中选择其一。从本质上说，这种想法就是错误的。实际上，这两者并非完全对立，在不同的情况下，需要有区别地对待。关于这一点，马云有着十分清晰而精辟的认识。

一次访谈中，马云被问及这样一个问题："我的问题是，我本身是个直率的人，但是随着人年龄的增长或者人际交往的加强，逐渐有人要求你变得圆滑世故，你到底是遵从自己的本性，还是跟随社会主流大众给你的价值观走？"

马云回答说："第一，这两个事别对立起来，你自己坚持的东西未必是对的，也未必是错的，社会大众也未必是对的，也未必是错的。对你来讲，面临选择这个还是选择那个的时候，建议你选择正确的事情。

"对我来讲也一样，我觉得社会在不断地变革，你也要不断顺应这个社会，请问自己：有我在和没有我在有什么区别，我对社会有什么贡献？对周围的人有什么贡献？对企业有什么价值？对我开的小店有什么价值？这是你要思考的问题。"

在现实生活中，相信很多人都有相似的困惑："遵从自己的本性，还是跟随社会主流大众给你的价值观走？"这个问题看似不难回答，可以由于涉及方方面面的很多因素，所以并不能简单地采取二选一的回答方式。马云深知这一点，所以他没有正面做出回应，而是让提问者"选择正确的事情"。这就是马云的原则，无论什么事情，都要根据实际情况，做出在当时条件下最有利的选择。只有这样，才能保证最大化的利益。

在马云看来，自己的本性和原则一般不能违背，但是在某些特殊情况下，跟随大众也不是错误。毕竟，每个人都有做出错误决定的时候，当发现自己有错的时候，适当进行调整也是非常必要的。这一切的衡量标准，就在于怎么样做才是最好的，才是最有利的。

在心理学上，有一个名词叫"从众心理"。人们之所以产生随大流的行为，就是受到了这一心理的影响。产生从众心理的人，之所以做出与大多数人保持一致的行为或选择，往往是因为他们受到了社会群体的无形压力。在这种压力之下，很轻易地就做出了违背本心的决定。

　　一个真正成熟的人，并不仅仅是圆滑世故、八面玲珑，更重要的是要掌握自己的原则，在遵从本心的情况下，做出最有利、最正确的决定，这才能体现自己的不同，才能获得别人更多的认可。

客户第一，员工第二，股东第三

马云语录

>> 我是一个信念坚定的人，我的信念就是——帮助小企业。工作是为了帮助别人而不是赚钱，在我的公司里，客户第一，员工第二，股东第三，这就是我们的信念。

信念究竟是什么？就是在没有人相信你所做的事情能够成功时，你依然对自己充满信心。即便经历了一次又一次的失败，你依然相信自己能够成功。信念，让你具有勇往直前的勇气和力量，让你变成一个不一样的自己。

其实，失败的经历并不可怕，可怕的是在失败之后就失去了奋斗的信念。有的时候，我们能够看到失败的马云，但是无论何时，我们都无法看到失去信念的马云。这是马云的原则决定的。无论承受失败还是面对成功，马云始终坚守自己的信念，并通过实际行动向外界展现自己对信念的坚持。

在参加美国著名主持人查理·罗斯的脱口秀节目时，马云谈到了自己的信念，称自己是一个信念坚定的人。下面是节选的一部分对话内容：

查理·罗斯："你是学语言出身，如何走进科技行业的？"

马云："其实我没有参与科技工作，我只是参与了创业工作。但是正因为我不懂科技，让我更加尊重科技，我们始终聘请最好的科技人才，而且我经常告诉我的员工，客户需要什么，人们需要什么，懂得这点很重要。"

查理·罗斯："你算是小企业的传道者吗？"

马云："我是一个信念坚定的人，我的信念就是帮助小企业，我为我们出生在互联网时代而感到荣幸，通过互联网可以帮助很多人，尤其是中小企业，这关系到千万家庭的希望与梦想。"

查理·罗斯："未来阿里巴巴的发展方向是什么？"

马云："继续重点发展电子商务，中小企业以及客户市场。中国电子商务的营商基础设施不理想，其实这和十多年前的手机是一个道理，如今的电子商务也面临着同样的处境，我认为我们已经成为中国电子商务的中流砥柱，因此我认为我能在这个领域里做最好的事情——通过电子商务帮助人们赚钱。"

查理·罗斯："你认为你们的核心竞争力是什么？"

马云："不是科技，而是文化！科技只是工具，我们更重视价值、使命和愿景。工作是为了帮助别人而不是赚钱，在我的公司里，客户第一，员工第二，股东第三，这就是我们的信念。我记得在上市前，很多人对我说：'马云，要保持股价的上升趋势，我们是大股东。'而当危机一来时，这些人全跑了，但我的员工留下了，客户也留下了，这就是公司文化的重要性。"

查理·罗斯："你现在有这个资本和实力去放眼全球市场，会去尝试吗？"

马云："这个很难说，我只能说我们在中国取得了成功，但只要有中小企业的地方我们都可以做到这样！我坚信，在21世纪'小即是美'，而上个世纪讲究的是大规模、大智慧。所以说只要有中小企业的地方，就会有我们的身影。"

马云常常告诫自己："人生在世在做人，不是做事。我跟自己讲我们到这个世界上不是来工作的，我们是来享受人生的，我们是来做人不是做事。如果一辈子都做事的话，忘了做人，将来一定会后悔。不管事业多成功、多伟大、多了不起，记住我们到这个世界就是享受经历这个人生的体验。忙着做事一定会后悔。"这是马云坚守的信念之一，他不仅自己坚持，也时常分享给员工和年轻的创业者听。正是这份对信念的坚持，使得阿里巴巴为客户提供了更好的服务，创造了更多的价值，马云自然也就成了更受人欢迎的人。

一个信念坚定的人，身后会有很多追随者，随着成功次数的增加，追随者的数量也会不断增长。无论是处于人生低谷时，还是处于成功巅峰时，我们都应该坚持自己正确的信念。唯有如此，人生才有意义，生活才更精彩。

什么都可以谈，只有价值观不容谈判

马云语录
>>
所以我们提出了价值观！我们坚信做事先做人的原则！
阿里巴巴的六脉神剑就是阿里巴巴的价值观：诚信、敬
业、激情、拥抱变化、团队合作、客户第一。

阿里巴巴对员工的考核是十分严格的，考核内容不仅包括应有的职业技能，也包括员工对于公司价值观的认知水平。只有那些符合公司要求，且能遵从企业价值观的人，才能得到在阿里巴巴工作的机会。

阿里巴巴对于价值观有着非常严格的要求，这是因为马云本身就是一个对价值观有着执着追求的人。马云说："阿里巴巴的'六脉神剑'就是阿里巴巴的价值观：诚信、敬业、激情、拥抱变化、团队合作、客户第一。"简简单单的十八个字，是对阿里巴巴企业文化的最好诠释，也是马云对所有员工的统一要求。任何一个违背阿里巴巴价值观的人，都可能被清出阿里巴巴这个团队。

有一天，马云去听公司的销售培训课。当时，培训老师正在讲的是"如何将梳子卖给和尚"这个被奉为经典的销售案例。然而，刚刚听了几分钟，马云就做出了开除这个培训老师的决定。

对于当时的情况，马云说："我听了五分钟，非常生气，将这个培训老师开除了。"至于这样做的理由，马云解释道："和尚本来就不需要梳子，把产品卖给那些不需要这个产品的客户，我认为这就是骗术而不是销售之术，这对我们的价值观是巨大的挑战。"

一个广受追捧的案例，竟然直接被马云否定了，相信那位培训老师心中一定充满了委屈，可是对于马云来说，企业的价值观不能违背，如果一个员工明知公司的价值观还要去做一些打破价值观的事情，那就说明这个员工并不适合阿里巴巴。

在给员工讲话或者在其他的场合，马云也曾不止一次地谈到公司的价值观。有一次，马云这样说："我想在这儿想分享几样东西，未来十年阿里巴巴必须坚持的事情。第一阿里巴巴是使命感驱动、价值观驱动的公司，八年多来，阿里巴巴每个季度考核价值观，每个季度、每个月是靠自己的使命感，每一个人都是靠自己的使命感而坚持。"

当马云为阿里巴巴设定生存102年的目标时，他就已经做好了准备，不仅为自己，也为员工和公司设定好了奋斗的方向。而阿里巴巴的价值观，恰恰是阿里巴巴能够长存不衰的关键所在。

阿里巴巴在创立之初就以企业价值观作为工作的准则，而且一直未曾改变，任何企图对抗价值观的人或事，在马云眼中都是不可容忍的。有了这样始终如一的价值观，阿里巴巴才能在成功的道路上越走越快，越走越远。

做企业需要价值观，做人同样需要价值观，一个拥有正确价值观的人，才会懂得生命中最重要的是什么，才能在出现问题的时候，根据自己的价值观进行准确的衡量。参照价值观不断进行校正，才能在人生之路上始终保持正确的方向。

这世界最不可靠的东西就是关系

马云语录 >>
注重自己的名声，努力工作、与人为善、遵守诺言，这样对你们的事业非常有帮助。

我告诉大家创业是艰辛的，如果有人说我可以把工作和生活分得很开，我不相信他能把事业做得很好。

中国人总是充满人情味，所以对人情世故也相对偏爱一些。在做很多事情时，很多人首先想到的往往就是托人找关系，总觉得有关系在那儿，说话、办事会方便很多。在某些事情上，靠关系确实能够暂时得到一些帮助，可是在商场上，仅仅依靠关系，注定无法维持长久的合作关系。

对于关系的向往，使得很多人在做生意时偏离了原本的方向，甚至很多人会觉得："我什么关系都没有，如何在高手如云的商场立足？"仿佛关系才是做成生意的根本因素，而产品质量、客户服务等，都已经成为立足商场的次要因素。殊不知，关系能够带来的红利，往往只是昙花一现，并不能持续为生意人带来预想中的利润。这是因为，追求关系而忽视产品质量，本身就是本末倒置的行为，而错误的行为必然会带来错误的结果。

作为一名家喻户晓的成功人士，马云也曾因关系而摔过跟头，这让他不得不对关系产生新的思考。

在阿里巴巴逐渐发展的过程中，曾经受到过上海和广东的两位省级一把手的关注。在这种情况下，马云自然想利用关系为阿里巴巴谋求更好的发展。于是，他在上海淮海路租用了一间很大的办公室，而且对办公室进行了精美的装修。

马云本以为靠着关系能够得到足够的支持和广阔的发展空间，但是真正开始运作之后，马云才发现在上海根本就招聘不到企业需要的人才，这几乎让阿里巴巴的发展陷入困境。无可奈何的情况下，马云只好撤出上海，将公司搬回了杭州。

对于这个情况，马云觉得当时的上海并不是很欢迎阿里巴巴这样的新创公司。他说："上海比较喜欢跨国公司，上海喜欢世界500强，只要是世界500强就有发展，但是，如果是民营企业刚刚开始创业，最好别来上海。"

马云并不是对上海有成见，而是对自己当时的幼稚想法有了新的认识。他本想靠关系为阿里巴巴打出一片天地，但是冰冷的现实告诉他，关系并不可靠。

后来，在参加中央电视台的《赢在中国》节目时，马云这样点评了一位创业者："我没有关系，也没有钱，我是一点点起来的，我相信关系特别不可靠，做生意不能凭关系，做生意不能凭小聪明，做生意最重要的是你明白客户需要什么，实实在在地创造价值，坚持下去。这世界最不可靠的东西就是关系。"

对于关系，新东方教育科技集团董事长俞敏洪也做出过精辟的论述："不要抱怨这个社会是要靠关系的，不要抱怨这个社会不公平，如果有这么多不公平的，我和马云又是怎么走出来的呢？"

成功人士并不痴迷于关系带来的好处，他们知道，生意能否做好，能否做得长久，关键还在于产品质量，在于能否满足客户的需求并为客户带来良好的消费体验，这才是事业获得成功的关键因素，抓住本质，才能为自己赢得订单。如果为了获得关系而去做一些超出底线的事情，那么最终很可能搬起石头砸自己的脚。

无论做什么事情，首先应该想到的都是提升自己，而非寻找关系，这才是正确的思路。如果始终将关注点放在如何获得关系上，那就很难再有精力去关注自我的提升，这种做法，只会让我们陷入错误的怪圈之中，难以取得重大的突破。

第六章

视野格局：视野越宽广，
人越有远见

　　史玉柱说："马云是一个战略家，他能看到五年后，我只能看到一年后，从阿里巴巴起步，到淘宝、支付宝，无不体现他和他的团队那超前的战略智慧。"可以说，马云能够取得如今的成就，独到的眼光和开阔的思路在其中起到了重要的作用。一个人的视野格局，决定着他究竟能够看到多远的未来，而对未来的预见，又决定了他将要采取怎样的行动。可以说，一个人的视野是否宽广，是决定成败的关键因素。

不同的眼光，造就不同的人生

马云语录 >> 每个人应该寻找适合自己的东西，做自己喜欢做的事情，
做自己擅长做的事情。
在今天中国这样的形势，企业家最稀缺的是资源，我们应
该把所有的钱用在扩大经营、扩大更多就业机会上。

马云被称为"创业教父"，受到很多人的赞颂和追捧，在荣耀的光环之下，马云并没有迷失自我。在他看来，阿里巴巴的成功，得益于自己的好运气，得益于有一个优秀的团队，得益于天时、地利、人和。谦恭的马云，将功劳记在别人头上，但是从阿里巴巴的发展史及马云的个人魅力不难看出，马云的商业帝国之所以有今天这样的成就，与他宏大的视野格局是分不开的。

马云对未来的预见能力，远非常人能够比拟。在常人尚未发现商机之前，马云就已经凭借敏锐的触角找到了未来的发展方向。

马云曾经做过一次演讲，名字叫作《现在人口是一个资源》。在这次演讲中，马云就充分运用了数据，达到了说服听众的目的。

马云这样说："互联网只要有人口就好。世界上人口太多是一个负担，但其实，现在人口是一个资源。澳大利亚有的是矿产，但经济搞不起来，就2000万人口，搞不起来。中国13亿人口，人口就变成是一个资源。对蒙牛来讲，我告诉你，你们最大的资源就是13亿人口，2000万人口要做蒙牛不可能。中国一定会诞生这样的乳业巨头。网络必须要有13亿人口的支撑，中国没有基础建设，我们把它建起来。蒙牛当时也没有配送，也是这么一点点建立起来。我们没有想到前面九年建了以后，我们变成全中国电子商务的基础建设者。我们的基础建设是什么概念呢？我们如果把自己当作房地产开发商，我们其实只做三件事情，房地产下面的水要用我们的，电要用我们的，煤气要用我们的管道，其他我们不做。

"我们希望五年、三年以后，所有的传统企业，如果你想做电子商务，就要跟我们阿里巴巴接上。水电煤是什么？就是访问量。

"阿里巴巴有2000多万家中小企业，淘宝有7000万用户，假设你今天想卖产品给消费者，我们把这个管道，把淘宝的管道跟你们接在一起，你们就有7000万客户。今年7000万，明年可能是两个亿，大量的消费者到你这里来。做批发的，阿里巴巴给你接上，这就是水。

"电是什么？就是支付。有很多的访问量，有很多人找你，怎么支付？银行做不了，我们替你收钱。水电煤这是三个大功能，至于上面建住宅楼、别墅还是贫民区，我们不管。每个电子商务的网站、内部功能，你怎么建的，你找谁建都可以，你不能让全中国的房子都长成一个样子，那是不可能的，你也做不到，也不应该做成这样。

"我们的目的是打造中国电子商务的基础建设。访问量、诚信体系这是关键，支付宝的主要目的是打造诚信体系。我不认识老牛，老牛做得好不好我不相信，但他只要用支付宝三年，买进卖出，我一看，去年他卖了5000万块钱，50万件东西，然后准时支付，经过三年以后，十个人说老牛不好我也未必相信，只要看过去的生意。

　　"这是我们今天所做的。还有一个，在蒙牛学会一个东西。公司大了最担心什么？风险问题。你们的风险可能是担心食品安全问题，实际上卫生防疫的方法可能很多。我们要担心的东西是什么？我一直很担心一件事情，我们公司的商业模式。

　　"强者越强，发现边上的人都被你搞死了，你这里有一千万买家，那边只有一千买家。这很可能是五年以后出现的垄断现象，那是很可怕的。这不是我们想垄断，灭了别人，互联网真的是这样子。互联网是透明、公平、分享、责任。想到这些，我们应该引进更多的竞争者，引进更多的产业链、人、服务商，让更多的人赚钱。"

　　当今世界，人口过多是一个非常受关注的问题，当大多数人都在思考如何降低人口增长速度，为地球"减负"的时候，马云则认为"世界上人口太多是一个负担，但其实，现在人口是一个资源"。马云看到事情的角度就是这么与众不同，而他的这种独特视角，为他赢得更多商机立下了汗马功劳。

　　一个人的成就，与他的视野有着十分密切的关系，能从更不一样的角度看待事物，发现事物的本质，这是一种难能可贵的能力。谁拥有这样的能力，谁就能在未来享有更多的资本、更多的资源，获得更大的成功。

不为失败找理由，只为成功找方向

马云语录

>> 互联网上失败一定是自己造成的，要不就是脑子发热，要不就是脑子不热，太冷了。

没有客户的信任，没有大批用户的信任，今天不可能有阿里巴巴，也不可能有淘宝网，所以我觉得我们特别感恩。

纵观马云到目前为止的人生历程，很多人看到的都是他的伟大成功和非凡成就，但是对他的失败经历，很少有人关注。实际上，在马云的创业生涯中，失败的经历远远多于成功的经验。只不过，每一次遭受失败时，马云并没有沉浸在失败中无法自拔，也没有为失败寻找开脱的借口，而是努力总结经验，为下一次可能的成功寻找方法。

在马云的字典里，似乎没有"成功"这两个字，即便在别人眼中，现在的马云已经获得了难以想象的财富和成就，可是对马云而言，成功并没有尽头，现在取得的成功，只是下一次更大成功的铺垫而已。就算在某些时候，确实遭受了巨大的失败，马云也不会因受挫而放弃努力，而是将目光放在未来的成功上。

马云曾经说过："我不敢提'成功'两个字，每次我有成功感觉的时候，麻烦就会来。每次一说'成功'，就一定会在一个月以内出事。我觉得自己是一个非常普通、非常平凡的人，只不过抓住了中国互联网的机遇发展了起来。现在突然看到别人把我当榜样了，我可是一直把别人当榜样的。人家说你怎么那么厉害，那么伟大，包括今天给我出的这个题目也特别高深——《被时代引领与引领时代》，真的搞大了。我没那么厉害，我只想证明一点，我们这些人能成功，关键是我们想到了就干，并且以自己的方式在干。

"刚才南董讲到了如果有一天我成了比尔·盖茨会怎么样？我一个月前去过比尔·盖茨家，有人指着我对盖茨说，你看，这是我们中国未来的比尔·盖茨。我一听心里就发虚，我觉得我跟盖茨就有一样东西差不多，那就是我们两个人都长得不好看。其他我们差得很远。我不跟比尔·盖茨比谁有钱，因为很难比，但是要跟比尔·盖茨比谁能在本世纪内让更多的人富起来，让这个社会的人因你的企业而发财，我想至少在中国还是有这个机会的。

"我们总习惯为自己的失败找理由，而不是为自己的成功找方向。只有放下昨天已有的东西，才能有新的机会。"

在这段讲话中，马云阐述了自己获得成功的重要原因，那就是不为失败找理由，只为成功找方法。马云看待失败和成功的视角，就是这么不同寻常，正是这种与众不同的视野格局，让马云带领着阿里巴巴一步步走向辉煌。

很多人面对失败的时候，最显著的感受就是痛苦和折磨，有些人甚至会因为不断的失败而陷入失落的情绪，以至于无法看清前路，觉得自己的未来被阴霾遮盖了起来。带着这样的情绪，当然无法成功，最终只能接受失败的命运。如果能像马云一样，积极面对失败，并从中不断寻找成功的办法，那么迟早会有成功的一天。

危机的阴影下，隐藏着成功的机会

马云语录 >>
灾难来之前，尽量避免灾难的出现；灾难来之后，努力把灾难转变成机遇。

对阿里巴巴来讲我们有敬畏之心，我不知道背后是什么结果，不知道背后什么东西，我相信未来十年、二十年没有那么顺利，我们愿意为这十年、二十年怀着敬畏之心不断地改变自己。

　　在工作和生活中，会有许多突发事件或难以预料的灾难不时发生。面对诸多如自然灾害、人为灾难等危机，很多人会感觉措手不及，以至于变得无法清晰思考，难以找到解决办法，在这样的境况下，想寻找成功的机会不过是痴人说梦罢了。

　　之所以说马云视野广阔，卓有远见，是因为他总能看到危机背后隐藏着的成功契机。遇到危机时，马云不会将视线停留在如何渡过危机、处理危机这样的浅层问题上，而是透过危机，看到更远的未来、更多的商机。当别人为危机诚惶诚恐、不知所措时，马云却带着自己的团队为了目标而努力奋斗。

2002年，"非典"的出现，对很多人的生活和工作都产生了严重的影响。

马云和阿里巴巴同样受到了疫情的影响。由于有同事发烧，阿里巴巴的员工被隔离在家，尽管如此，阿里巴巴的正常运转并没有受到什么影响。

对于这段灾难性的经历，马云这样描述："'非典'的时候，我们公司被隔离了，600多名员工全部关在家里。因为有一位同事去广东出差回来之后发烧了，然后被判为疑似'非典'。那个时候真的觉得公司要垮下来了。600多名员工，每个人都被社区管着，所有人的饭菜都是从窗口用篮子吊上来的。

"该怎么办呢？我觉得一个公司必须迎接这样的挑战，互联网公司可能是世界上最有机会面对灾难时在家办公的公司。那时候突然就诞生了强大的企业文化，我们不愿意失败，我们不愿意放弃。

"在这样的灾难里，网络是可以发挥作用的。阿里巴巴的全体员工被隔离了八天，但全世界的客户没有一个知道阿里巴巴被隔离了。那时候我们已经有近千万的客户。我们所有人把电脑、网线搬到家里工作。你打电话给公司的时候，都自动转到员工家里。电话铃一响，拿起来就是：'你好，阿里巴巴！'（全场笑）员工的家属们，甚至家里的老人，拿起电话也先说：'你好，阿里巴巴！'（全场大笑）在八天里，我们没有停止过一分钟的服务。"

对于亲身经历过"非典"时期的人来说，那段经历可以称得上刻骨铭心。购物、旅游、学习、工作等各个方面都受到了严重的影响。面对这种情况，很多人虽然无奈，但也只能老老实实在家待着。可是马云呢，即便公司员工被隔离开来，阿里巴巴也没有停止过哪怕一分钟的服务。最终的结果是，当一些人因"非典"而遭受巨大损失时，阿里巴巴丝毫没有受到影响。在不进则退的商战中，马云无疑占据了优势地位。

有些人会觉得，阿里巴巴的生意都是在互联网上做，所以不会受到影响，马云不过是占了互联网的便宜。但是从根本来说，正是马云看到了电子商务的广阔前景，才让他有了避免遭受影响的可能。不仅如此，在危机之中，马云创办了淘宝网，为自己公司注入了新的活力。对此，马云说："为了感谢所有的员工，感谢所有的家属，感谢自由和阳光，我们就把5月10日定为阿里日。这一天，所有年轻人，所有的人要懂得自由的可贵，感谢所有的家人为这家公司渡过了难关。我们在5月10日那一天，推出了淘宝网，在那段隔离的日子。"

2008年，金融危机席卷全球，金融市场的前景一片黯淡，很多人破产、负债，对未来充满悲观情绪。然而马云依然在危机中看到了机会，他的观点是："其实人类社会碰到的麻烦，每100年、每50年各种各样的麻烦，但是人类社会永远是一年比一年好。所以2008年金融危机起来的时候，我跟很多同事讲，我说这是机会啊，终于让以前很厉害的人倒霉一下，轮到我们发点小财了。"

金融危机的来临，使得很多人不得不面对自己将要破产、公司可能倒闭的局面，这种窘境让一些人惶惶不可终日，完全没有了经济市场大好时的意气风发。

面对危机，很多人慌了手脚，忘记了思考，最终只能接受失败的命运。马云则不一样，从危机中，他看到的是发展的机会，是公司发展壮大的前景。这种不一样的视野，让马云在危机之中坦然自若，让阿里巴巴接受了各种危机的冲击之后依然傲立不倒。

当一件坏事发生的时候，如果眼睛只盯住它所造成的后果，那么应对的态度通常是消极的，想要在消极中寻求突破，找到发展的契机，往往是很难的。

　　不过，如果我们从后果中吸取教训之后，便能迅速转移视线，将关注点放在坏事背后隐藏的机会上，那么我们就能看到另外一番天地，找到另外一种成功的可能。

看常人所不能看，得常人所不能得

马云语录 >>

我会承诺你在我们公司一定会很倒霉，很冤枉，干得很好领导还是不喜欢你，这些东西我都能承诺。但是你经历这些后出去一定满怀信心，可以自己创业，可以在任何一家公司做好，你会想："因为我在阿里巴巴都待过，还怕你这样的公司？"

每个人都有自己的梦想，但是并不是每个人都能实现自己的梦想。想要成就梦想，除了马云说的团队、运气、天时、地利、人和之外，更重要的是一个人的视野要宽广，视角要准确。如果非要抓住一个根本不可能实现的梦想，向着一个毫无道理的方向努力，那么无论怎么做，都不过是徒劳无功而已。

马云的过人之处，就在于他有超人的洞察力，能够预测到数年之后将会发生的事情。这种能力，即便不是与生俱来，也很少有人能够学会，否则的话，这个世界上就不会只有一个阿里巴巴了。

有些时候，马云的观点会让人难以置信，总觉得他是在"忽悠"或是"吹牛"，但是经过一段时间之后，事实往往会证明，马云的预见性确实超出常人一截，他之所以能够拥有如今的财富和地位，绝非偶然。

在创立让自己扬名立万的阿里巴巴之前，马云的第一个互联网创业项目是中国黄页。草创时期的前四个月里，马云始终面临一个让人头疼的难题，那就是销售情况不佳。在当时那个环境下，想把一种看不见、摸不到的东西卖给别人，其艰难程度可想而知。

那个时候，马云屡屡碰壁，各种各样的挫折他都经历过，被人拒绝还是小事，被人辱骂也如家常便饭一般。面对这种情况，马云依然充满信心，他相信自己的项目会有美好的前景，因此不遗余力地对客户进行宣传和讲解，最终赢得了信任，订单也随之而来。

创立阿里巴巴之前，马云便对互联网有着美好的憧憬；创立阿里巴巴之后，他的这种憧憬简直让他兴奋不已。马云说过："我坚信一点，中国电子商务刚刚起步，中国现在为止还没有真正的互联网公司，中国在突破2亿互联网用户以后，会发生剧烈变化，那时候中国才能真正诞生世界级的互联网公司。"他还说过："阿里巴巴、新浪等现在都还算不上真正的互联网公司，而互联网的未来是网商创造的，包括百度这样的公司，都是网商在支撑着它们的生存。"

马云的言论，在有些人看来简直就是狂妄，甚至有些异想天开。然而马云并不以为意，依然坚信自己的选择。这一切，并不是马云固执，也不是马云不愿承认错误，而是因为，他确实看到了互联网未来的发展趋势，看到了电子商务将会给中国带来的改变。

马云并没有让那些认为他"吹牛"的人等待太久，中国电子商务的发展及阿里巴巴的极速成长，就是马云做出的最好回击。马云看到了别人看不到的未来，面对质疑他也不解释，而是坚持向着自己设定的目标不断前进。当事实切切实实发生在众人眼前的时候，大家才发现，马云确实具有超出常人的眼界，能够看到别人看不到的东西，就应该得到别人得不到的东西作为报偿。

马云的眼界并非常人能够比拟，但是常人一样可以试着放宽自己的眼界，拓宽自己的视野。相信很多人都有这样的经验：骑车的时候，如果只将视线放在自行车的前轮上，往往骑着骑着就会偏离原来的方向。而如果将视线放在距离更远的地方，往往可以骑行出更加笔直的轨迹。这和我们做人、做事的道理是一样的，短见会让人变得狭隘甚至迷失自我，远见则能让人在更广阔的人生之路上畅快奔跑。

享受春天，也要提防寒冬

马云语录 >> 阿里每次十年规划，像eWTP（世界电子贸易平台），我们
必须去担当社会的责任，真正创造价值。就是你今天想活
120岁，那你今天就不能大吃大喝，每天早上得锻炼。

马云是一个十分乐观的人，在别人为互联网行业的低潮期感觉忧心忡
忡的时候，马云却对互联网行业的前景保持足够的乐观，他曾经说过："冬
天寒冷的时候我们提出的口号是，坚持到底就是胜利。只要我们活着就有希
望。"在马云看来，寒冬之后，就会是温暖的春天。

所以，即便在很多互联网企业濒临倒闭的时候，马云依然对阿里巴巴充
满信心，他认为："永远不要跟别人比幸运，我从来没想过我是比别人幸运，
我也许比他们更有毅力，在最困难的时候，他们熬不住了，我可以多熬一秒
钟、两秒钟。"

但是，在互联网行业逐渐转暖，很多人觉得春天就要来临的时候，马云
又开始提防冬天的来临，这让很多人觉得，马云是一个十分矛盾的存在。实
际上，马云并不矛盾，无论期待春天，还是提防冬天，马云都是将目光放在
了一个长期的目标上面。在独特的视野格局之下，马云往往可以做出与众不

同的选择和反应。

马云在做客《财富人生》时，曾就自己的这一观点与主持人进行过一段对话：

主持人："说起来我觉得很风趣的，前段时间我是在跟前程无忧的CEO聊天，他就说起来其实前两年做互联网的日子很不好过，但是突然地好像互联网的春天就来了，比如像网易、新浪都宣布盈利，我想打听一下阿里巴巴目前的经营状况如何。"

马云说："其实我觉得人家觉得互联网的春天来了，我并没有觉得。其实，我们是准备着冬天了，我希望冬天越长越好。首先，我是个乐观主义者，我觉得有冬天就一定有春天，有春天一定有冬天，不会一年四季如春，那样的话你会过腻的，对不对？人也会生病对吗？然后我觉得在冬天的时候不一定人人都会死，在春天的时候也不一定人人都会开花结果，所以我觉得，任何一个产业都有这样的过程。

"所以，今天大家都好了，我反而更加警惕。大家好了不等于我会好，在以前冬天的时候，大家都不好，不等于我们不好。其实阿里巴巴现在的经营一直不错，今年的利润应该在1个亿以上，所以整个公司已经开始慢慢进入一个比较好的状况。"

当别人为冬天担忧的时候，马云相信春天终会到来；当别人觉得春天来了的时候，马云又开始为冬天做好准备。对于马云来说，提前做好准备总是一件十分重要的事情，当别人只顾担心或享受眼前的生活时，马云已经为未来做好了预案，所以他总能比别人提前一步做好准备。

马云考虑的事情比常人更多，他能看到的未来比常人更远，所以他总能从从容容地做好自己的事情，抢先得到一些商机，这为阿里巴巴的发展提供了更多的商机。

　　在生活中，我们也应该像马云一样，将目光放在更远的未来。如果只盯着眼前的狭小范围，我们的视野必然会受到限制，很难发现未知的机会，如果能将目光放得长远一些，那么就能得到更多的发展机会，看到未来更多的可能。

马云和他的菜鸟物流

马云语录 >> 笨鸟先飞，飞了半天还是笨鸟，而菜鸟还有机会变成好鸟。我们取这个名字是为了不断提醒自己，我们要对社会有敬畏之心，对未来有敬畏之心，我们希望自己成为一只勤奋、努力、不断学习、对未来有敬畏、对昨天有感恩的鸟。

现代社会，企业之间的竞争日益激烈，为了在这场战争中赢得先机，很多企业大都很重视渠道的建设。有句话叫作"渠道为王"，意思是说，谁掌握了渠道，谁就能在激烈的竞争中获得胜利。而在实际操作中，谁能掌握物流，就意味着谁掌握了渠道。对于物流的重要作用，马云说："未来的世界是物流的世界。"

马云对物流非常重视，在他宣布辞去阿里巴巴CEO仅仅十几天之后，就宣布担任菜鸟网络董事长一职。在决定进军物流行业之前，马云已经进行了充分的调研，并看到了物流行业的广阔前景。他说："五年前我投资华谊的时候，我判断中国电影五年以内市值会超过100亿元，今年刚好102亿元；十年前我判断电子商务一定有很大的市场。中国有机会的行业很多很多，但是确保一定会成长，而且成倍增长的行业不多。但我觉得物流就是这么一个。"

2007年，在阿里巴巴战略讨论会上，物流就已经被当作一个重点话题被提及。只不过当时这个尚未成型的想法是通过投资的方式进行初步探索的。

2012年初，阿里巴巴选择"星晨急便"作为自己进军物流行业的踏板，并向外界传达了"云物流"的概念。

2012年3月，星晨急便因为资金问题宣告破产，阿里巴巴因此受到牵连，遭受了不少损失。紧接着，阿里巴巴又通过结盟的方式尝试改善物流环节。

2012年5月，天猫宣布和包括邮政在内的九家物流公司结为同盟。可是，"双十一"时订单爆仓的现实又让阿里巴巴的物流系统饱受诟病。

2013年5月，亲身体验过诸多阵痛的马云终于将自己的梦想提上日程，他设想和架构的物流公司"菜鸟网络"终于缓慢起飞。虽然24小时必达的目标在业内人士看来有些难以实现，但是马云坦言："谁都不能保证一定不会失败，但是万一我们搞成了，我觉得今生无悔。"

马云也特意强调，阿里巴巴永远都不会做快递，而是要联合产业链上下游的合作伙伴，搭建一个基于数据的物流基础设施平台。对于菜鸟网络的发展思路，阿里巴巴依然延续一贯的"平台化"布局方式。

马云是一个很有预见性的人，他认定的事情，往往会积极采取行动。对于菜鸟网络，马云也有足够的信心。对于公司前景，马云表示："希望十年以后，在中国任何一个地方，人们只要在网上下订单，最多八个小时货物就能送到家，形成真正的农村都市化。这就需要建立一个真正属于21世纪的现代物流体系。"

对于马云投身物流行业，史玉柱说："马云是一个战略家，他能看到五年后，我只能看到一年后，从阿里巴巴起步，到淘宝、支付宝，无不体现他和他的团队那超前的战略智慧。今天200亿到300亿的物流计划，我们有理由相信这不是一个哥德巴赫猜想，而是即将到来的现实。"

　　对市场有敏锐洞察力和极强预见性的企业家，才能摸清市场的脉搏，才能抓住机遇创造出更多的财富。马云愿意投身物流行业，就是因为他看到了物流会是下一个发展的机会，他坚信："电商的未来要看物流。"

　　有人说："机会永远留给能发现机会的人。"一个想要获得机会、赢得先机的人，不仅要有发现机会的眼光，也要有敢于尝试的勇气。

多花点时间，去学习别人是怎么失败的

关注对手是战略中很重要的一部分，但这并不意味着你会赢。
当所有人都说"对"的时候，等几分钟；当所有人都说
"不"的时候，也等几分钟，仔细地想一下事情本身。因
为当你从一个不同的视角看世界的时候，你也可能用不同
的方式做事。

在阿里巴巴成长的过程中，马云也犯下过很多的错误，但是对于这些错误，马云并不是非常在意，他总认为，每一个错误都是一个宝贵的经验，那么多的错误叠加在一起，就是一笔宝贵的财富。

马云不仅对自己的错误非常珍视，也懂得从别人的错误中汲取有用的东西。他曾说："很多人看到的是今天成功的史玉柱，今天成功的虞锋，今天成功的沈国军，但是我希望大家看到十年前的沈国军，倒下去的史玉柱，他们当时做了那些决定和想法，今天的我们不值得大家学习，而前面十年走过艰难的过程，犯过错误，在这个过程中需要所有人反思和学习和思考。"

2011年，雅虎有意减持或者出售阿里巴巴股份一事，大家众说纷纭，很

多人对马云的做法极不认同，都觉得马云走了一步错棋。

在接受采访时，马云并没有提及别人的看法，而是谈到了自己的另一个观点："大家都说，中国雅虎那么糟糕，你怎么还好意思说你很懂美国雅虎？我要说我们四年前解决了很多的问题，如果不那么做，我们今天可能就死了。所以我们愿意跟大家分享，我们是如何节约了开支，如何解雇一些人，那时候我们必须早一点解雇一部分人，留下一部分人。我觉得现在的互联网公司都应该好好想想，能从雅虎的事情中学到什么。如果我们不从别人的错误中学习，我们迟早有一天也会受到同样的挑战。"

马云在之后又表示，学习别人失败的经历，然后认真地思考才是现在互联网公司应该做的事情，而不是把关注点放在收购的问题上。"不要迷信成功学，要多看别人的失败经历，很多时候要少听成功专家讲的话。所有的创业者都应该多花点时间学习别人是怎么失败的，因为成功的原因有千千万万，失败的原因就一两个点。"

学习别人的失败，马云并不是看笑话或是落井下石，而是希望从中找到有益的教训，以减少自己犯错的可能。马云觉得，即便阿里巴巴在别人看来已经很成功，但是依然有很多失败的经验可以总结，别人也可以拿去借鉴。

马云看待事物的角度，总是那么与众不同，对于失败的看法，也让人觉得耳目一新。从别人的失败中学习有益的东西，能让阿里巴巴减少犯错的可能，客观上为自己的成长和发展铺平道路。

有一项专门针对成功者所做的调查，大多数的受访者都表示，他们在职业生涯早期所经历的挫折、失败等，对他们日后的成长和发展都有深远的影响。而且，那些善于借鉴他人失败的成功者，往往可以更早、更轻松地取得成功。因为他们能从别人的失败经历中找到避免再次犯错的方法，这无形中减少了犯错的可能，增加了成功的可能性。

很多成功人士所取得的成就，都是在总结前人经验的基础上得来的，所以，牛顿才会说："如果说我比别人看得更远些，那是因为我站在了巨人的肩上。"

把时间用在学习别人的失败上，这并不是空耗时光，而是对自己确实有益的做法。每一种失败的方式，每一个失败的经验，对于后人来说都是极为宝贵的财富，只要能够深刻认识到这一点，那么在今后的人生之路上就能少犯错，多成功。

第七章

圈子格局：圈子对了，人生之路越走越宽

马云说："杨致远永远是我的朋友，孙正义永远是我的朋友，我们在生意上对有些问题的看法可能不一致，但不妨碍我们做朋友，这是很关键的。"马云认为，朋友是朋友，生意是生意，两者不能混为一谈。但是，这并不是说马云不需要朋友，而是他不想因为生意不成而丢掉自己的朋友。任何人都需要自己的朋友圈子，有越多的真心朋友，在危难中就能得到越多的帮助，人生之路也就能走得越顺利。

圈子越大，人生机遇越多

马云语录 >> 每个人都很平凡，我马云也没什么了不起，这几年被媒体到处吹捧，其实自己很难为情。

一个创业者一定要有一批朋友，这批朋友是你这么多年诚信积累起来的，越积越大，像我账号的财富，就是每天积累下来的诚信。

很多人都知道，马云是一个喜欢交朋友的人，他的很多合作伙伴，最终都和他成为关系极好的朋友。这与马云的性格有关，也与他对朋友的认识有关。

马云创业之初，没有关系，没有资金，但是有17个愿意与他一起奋斗的朋友。18个人凑在一起，虽然有时连工资都发不出来，可是大家愿意团结在马云周围，为了共同的目标不断努力。大家之所以能够坚持下来，除了大家对互联网企业的前景都很看好之外，还有一个原因就是相信马云的为人，将他视作关系很好的朋友。

随着阿里巴巴不断发展壮大，马云能够接触的圈子也越来越大、越来越多，圈子的不断扩张，让马云有了越来越多的朋友，也有了越来越大的获得成功的可能。

马云参加《赢在中国》节目时，曾对一位创业者这样说："解决资金流的问题，除了自己去借钱，还得做好销售。我们都碰到过这样的问题，1995年、1996年，我们做中国黄页的时候，我也发不出工资了，离发工资的时间只有三天，我账上只剩下2000多块钱，而工资要发8000多。那时候很残酷，我们的员工说'没关系，我们两个月不拿工资也跟你干下去'。但人家说两个月不拿工资可以，你得出去借，用你的诚信。

"因此，我觉得一个CEO、一个创业者最重要的，也是最大的财富，就是你的诚信。如果我今天问雄晓鸽或者吴鹰借1000万，他们如果有钱，也会借给我，这是基于我们平时之间的了解、信用。如果他不认识的人，即便就是借一万，他也觉得不行。所以，一个创业者一定要有一批朋友，这批朋友是你这么多年诚信积累起来的，越积越大，像我账号的财富，就是每天积累下来的诚信。"

在节目进行的过程中，很多创业者让马云深受触动，他发现很多人和自己一样，都在努力创造自己的未来。马云将这些人视作同行的朋友，愿意和他们一起携手共进。后来，马云说："作为创业者我永远讲创业者是寂寞的，尤其在中国来讲创业者是非常寂寞的，但是参加《赢在中国》之后，我觉得创业者是快乐的，一个人在黑暗中走路是寂寞的，那么多人手拉着手走的时候那是快乐，那是勇往直前。创业者没有先、没有后、没有大、没有小，每一个人都是在同一起跑线上，你们每个人身上的不放弃的精神都鼓励了我，我会跟大家一起创业，阿里巴巴所有的公司都会支持创业者，帮助更多的创业者成功。"

对于创业者，马云总有许多关切的表现，这或许是因为马云本身也是一个创业者。在马云的意识中，他一直都在创业的路上，远没有达到成功的程度。对于创业者来说，一旦开始创业，就永远都不能停下脚步，即便已经取得了一些成就，也不能有所满足，而是要寻求更大的发展、更大的成就。在不断发展的过程中，朋友将会起到十分重要的作用，所谓"多个朋友多条路"，越多朋友提供帮助，便有越大的成功可能。

不仅在创业中需要朋友，我们在生活的方方面面都需要朋友的帮助。遇到困难时，朋友的帮助会让我们更易解决难题；遭受质疑时，朋友的安慰能让我们保持良好的心态……可以说，朋友是我们生活中不可或缺的组成部分，有了他们，我们的生活才能完整，才有更精彩的可能。

《功守道》圆了马云的功夫梦

马云语录

>> 我们总埋怨外面，别人是错的，我们从来没有想过自己应
该干吗，该做什么样的事情来完善自己。

　　马云的朋友圈中，有各种各样常人难以想象的名人，部分国家政要、商界精英、影视明星等，都和马云有着诸多的交集。在这个朋友圈中，马云如鱼得水，总能通过朋友实现一些自己的梦想。

　　马云可以和朋友合作投资，可以和朋友一起做项目，可以与朋友一道做慈善事业……这些事情，在马云那里总能轻松实现。更有甚者，他竟然能够参演电影，成为备受关注的电影明星。

　　2017年，马云邀请众多功夫明星，参与拍摄了电影《功守道》。

　　电影的情节非常简单，就是马云轮番和众多武林高手展开对战，并成功战胜诸位强敌，成为最终的胜利者。随后画风一转，才发现这一切只是马云的想象而已，并非真有其事。不仅如此，马云还因打了警察而引起了一场误会和纷争。

　　虽然这只是一部二十多分钟的微电影，但是在播出之后迅速引起了巨大的观看热潮。观看完影片之后，很多人赞叹演员阵容的强大，也有人感叹马

云有钱任性，还有人觉得马云的演技实在太差，这部电影简直就是一种功夫明星在帮助马云圆自己的功夫梦……

对于外界的评价，马云并没有多说什么。但是几天之后，当一项新兴的体育竞技赛事"功守道"在北京揭开战幕时，人们才恍然大悟，原来电影《功守道》只是个序幕，推广太极才是目的。

马云能出演《功守道》里的角色，这让很多人觉得不可思议，甚至有些人认为，这部影片的出现纯粹是马云的财富在起作用。事实果真如此吗？马云对太极的热爱路人皆知，他一直希望能将中国的太极推广到全世界，于是他和李连杰一起创立了"功守道"，期待有一天它能够成为奥运会的正式比赛项目。这部电影的出现，也只是为"功守道"比赛所做的预热而已。从这个角度上说，所有参与电影的人，都是为推广中国武术贡献自己的一份力量而已，毕竟对于影片中的这些明星而言，一部微电影的片酬不会对他们产生太大的吸引力。更何况有传言说，所有的参与人员都是零片酬，事实果真如此的话，那就只能解释为一众人员是为了马云才参与其中，之所以花费时间和精力来实现马云的功夫梦，完全是出于朋友的情谊，出于对马云这个朋友的关心和信任。

无论外界怎么评价，马云至少已经实现了自己的功夫梦，在电影中成了威震八方的武林高手。能够圆梦，关键在于马云有一众愿意为他两肋插刀的武林界和影视界朋友，正是有了他们的无私帮助，马云才能不断推动自己的事业向前发展。

每个人都会有自己的朋友圈子，在这个圈子中，我们也能找到一些愿意帮助我们实现梦想的朋友。只不过，有些人并没有努力挖掘圈子中的那些对自己有益的朋友，或者说并没有找到适合自己的那个圈子，没有结识正确的人。在实现梦想的过程中，我们应该对朋友进行筛选和分类，首先找到那些对我们实现梦想帮助最大的朋友，这样才能更快、更有效地达成目标。

我与巴赫是"灵魂伙伴"

马云语录

>> 我们不是一个赞助商，更不是一个广告商，我想用今天中国对技术、互联网、大数据和人工智能的理解，把奥运会提升到一个不同的阶段。我们觉得这才是北京冬奥会应该给未来奥运会举办地、运动员和"粉丝"带来的不同东西。

面对爱情时，有的人会产生一见钟情的感觉，在交朋友的时候，也可能因为短暂的接触而产生灵魂的交流，并最终成为关系亲密的好友。

马云是一个与众不同的人，在交朋友方面，他也有自己的独到之处。他认定一个朋友，并不在意交往时间的长短，而关注对方能不能给自己带来心灵上的触动，让自己感受到不一样的东西。

2017年1月，阿里巴巴集团成为国际奥委会顶级赞助商——全球合作伙伴，双方的合作关系将一直持续到2028年。2018年的平昌冬奥会，是阿里巴巴集团与国际奥委会合作之后举办的首届奥运会，新华社记者借此机会对马云进行了一次专访。下面是专访的节选内容。

记者："听说您当时在跟巴赫见面之后，很短时间就促成了这次合作。是阿里巴巴打动了国际奥委会，还是国际奥委会打动了您？"

马云："我刚去国际奥委会与巴赫主席见面时，我以为只是客套一下。那天是星期六，巴赫本来要回德国，但听说我来了，他就等着我。我们见面聊了大概二十分钟后，突然觉得就像'坠入爱情'一样，他也挺喜欢我，我也挺喜欢他。以前，我脑子里并没有觉得奥运会是这么大一个东西，因为以前我对体育接触不多，但就是这短短二十几分钟，我们就成了非常好的朋友。我们每次见面，都像Soul Partner（灵魂伙伴）一样，这种感受是不一样的。实际上我们在一起，他从没谈过一分钱，我也没谈过一分钱，但是我们觉得理念是一致的。双方团队在合作过程中，也非常快乐。所以到底谁吸引了谁？我想我和巴赫主席之间存在着彼此信任以及对未来共同的想法。他的理解超越了我，我的理解可能也在他意料之外。"

记者："那您觉得您与巴赫主席最大的共同点是什么？"

马云："展望未来，我们必须有未来观、全球观和全局观，我觉得要让不同的东西整合在一起，让更多年轻人参与，面向未来。数据时代的奥运会到底应该怎么样？我觉得这些理念是我们两人非常一致的。阿里巴巴19年来就是相信年轻人，我们就是相信'小的'，'大的'当然我也不排除，但我们偏向于'小的'和年轻人。"

记者："您刚才说因小而美、因小而伟大，阿里巴巴最近也拍了以'小而伟大'为主题的奥林匹克宣传片，挺震撼的。阿里巴巴本身是一家科技公司，为什么拍的这个宣传片会侧重人性角度和人文关怀？这是否因为跟奥林匹克精神更契合？"

马云："我觉得这是我们跟奥运会共同契合的一方。当时阿里巴巴创业的时候，我就希望用互联网技术去帮助那些'小的'（公司和个人），这个从来没改变过。因小而美、因小而伟大，我们并不觉得阿里巴巴到今天才有这个情怀，19年来我们从来没有忘记过，今天也一样。我一直在问自己这个问题，每次开会我也在问这个问题，我们以前没钱都可以有理想，今天有钱了，大家没有理想了，那么我们这个公司存在还有什么意义呢？这些钱是帮人实现理想的，我们的理想是让更多人实现理想。不能实现了我的理想，这世界就这样了。昨天开幕式我看到很多非洲代表团就一个人，这些人如果能够实现理想，如果能够帮助更多这样的年轻人，那我觉得科技才有意义，钱才有意义。"

马云和巴赫之间的交流，只不过用了短短的二十多分钟，但就是在这短暂的时间里，马云和巴赫就迅速成了灵魂伙伴，这是因为两个人有共同的理念和价值观，当精神方面能够达成一致的时候，彼此之间就能很轻松地进行交流，很容易成为交心的朋友。

在结识朋友的时候，不仅要看对方的外在表现，更要和对方进行灵魂上的深入交流，只有那些与自己有相同灵魂的人，才是真正可以成为朋友的人。如果仅仅被对方华丽的外表吸引，而不去关注对方的内在表现，那就很可能结识一些"金玉其外，败絮其中"的人，这些人对我们来说没有任何积极的意义，只会拖我们的后腿，成为我们事业和人生的绊脚石。

朋友的重要性不言而喻

马云语录
>> 七八年前，很多人加入了阿里巴巴，一些聪明的人认为公
司给的机会很少，于是有的被别的公司挖走了，有的自
己创业了，收入和待遇提高了。剩下的人不聪明，没有
人来挖，结果五年以后，回头一看，我们居然变得这么
有钱。

在创业的过程中，马云遭受了诸多的失败，感受到了失败的痛苦，也体
会到了世态炎凉。幸运的是，马云有一众始终相信他、维护他的朋友。在这
些朋友的支持和帮助下，马云才最终一步步走到今天。因此，马云对朋友十
分看重，那些对他有过帮助的人，他总是牢牢记在心里，尽自己最大的努力
去回报他们。

一说起朋友，就不得不提起马云创业初期的那些人，初创团队成员、蔡
崇信、孙正义等，都在不同的阶段给予了阿里巴巴巨大的支持，如果没有这
些人，也就不会有今天的阿里巴巴，今天的马云。对于他们，马云始终怀着
感恩的心，始终将他们放在心里的重要位置上。

有一次，马云接受记者的采访，就谈到了自己与孙正义及杨致远的关系。

记者问："你和孙正义与杨致远现在还能算朋友吗？"

马云回答："我跟他们永远是朋友，我到美国去没时间的话，杨致远愿意任何时间飞到任何地方跟我见面喝茶吃饭。

"对我来讲朋友比什么都重要，杨致远永远是我的朋友，孙正义永远是我的朋友，我们在生意上有些问题看法可能不一致，不妨碍我们做朋友，这是很关键的。生意再增加100个亿没意义。

"那天我在一个论坛上讲，我们这些人都会在火葬场我送你、你送我。今天想明白了，每一天都要好好过。所以，外面的理解跟我们自己内部的情况不一样。

"孙正义前天打电话，让我再做一届软银的独立董事，你知道在日本的企业里背信弃义这件事多严重？如果我是这样的人，软银早不和我玩了。日本软银的影响可大了去了，它说我一些坏话我吃得消吗？西方华尔街和硅谷的老大们见了我肯定也要避开，我还能在江湖上混吗？而这种情况我从没担心过。"

在马云看来，生意和朋友完全是两回事，即便在生意上有些分歧，也不妨碍双方继续做朋友。

所谓"买卖不成仁义在"，生意不成，感情也不能丢弃。马云的这种观点，与他坚持的原则不无关系。马云曾经的经历告诉他，仅仅依靠关系做生意，是绝对不能长久的。

所以，在马云的观念中，朋友关系并不是做生意的前提或保障。有了这种认识，马云便能将生意和朋友剥离开来，将朋友看得比生意更加重要。

"朋友比什么都重要"，这并不是一句口号而已。马云能说出来，也能将它变成现实。正是因为马云对朋友无比重视，他才有了那么多愿意帮助他的朋友。

对于任何人来说，朋友都是必不可少的。在人生之路上，谁都不知道将会遇到什么困难，有了朋友相伴，就能更容易地克服困难。一定要相信，对朋友的重视能够换来朋友对我们的重视，如果我们能将朋友放在无比重要的位置，相信朋友也会以相同的态度来对待我们。

搭建优质人际网，从朋友那里获取资源

>> 如果你想要有真正的朋友，必须不要被别人左右。

你真以为自己的生意是靠喝酒喝出来的，脑袋能不坏吗？

我个人觉得，如果你花时间跟员工喝一点儿小酒，可能对企业更有帮助。

马云重朋友，讲义气，朋友需要帮助的时候，他总是一马当先，义不容辞，这种对待朋友的方式，使得马云在朋友圈中拥有很高的威望，在需要朋友帮助的时候，总会有很多人愿意伸出援手。

马云交朋友，愿意以真心相待，所以在商界及其他领域，他都有很多知心的朋友。在这个庞大的朋友圈里，有各行各业的成功人士，他们都对马云事业的发展产生了一定的推动作用。阿里巴巴上市之后，马云的人际网络进一步得到发展，一些很好的合作伙伴逐渐变成了好朋友，这也让马云能够利用的资源变得越来越多。

其实，在马云的背后，不仅仅只有"十八罗汉"，还有很多与他交往甚密的朋友，同样为阿里巴巴的发展做出了自己的贡献。

　　史玉柱算得上马云的好朋友，很多次站出来为马云说话。在支付宝转移这件事情上，史玉柱对马云的评价是"爱国流氓"；在马云和王林会面一事上，史玉柱则为马云辩解说，马云拜访王林不过是为了找出对方的破绽而已。

　　马云投资许家印掌控的广州恒大足球俱乐部时，两个人各占俱乐部50%的股份，虽然地位平等，但是分工明确：许家印主抓俱乐部的比赛水平和质量，马云则负责把中国足球市场搞大。

　　优酷和阿里巴巴在战略投资方面进行合作，优酷CEO古永锵表示，与阿里巴巴的战略合作将会给优酷土豆在用户支付、精准广告、客户资源等方面带来显著的帮助。

　　马云所交的朋友，没法一一列举。但是从这些人与马云的合作关系来看，他们都是不错的朋友。虽然合作做生意是为了赚钱，但是面对朋友显然比面对陌生人更容易做出合作的决定。毕竟每一次合作都需要掏出自己的真金白银，没有人会将自己的钱交给一个信不过的人。

　　马云能交到很多对自己的事业有所帮助的人，在生活和工作中，我们同样需要朋友给我们带来温暖和帮助。其实，真正的朋友是不需要花费很多时间去维护的，平常也许联系不多，但是在某一方出现问题或是遇到困难时，另一方总能挺身而出，拔刀相助。

　　每个人的一生中都会有几个很好的朋友，每当出现问题或想要分享的时候，首先想到的总是他们几个。对于这几个人，我们更应该好好珍惜，当他们遇到困难的时候，要主动伸出援手，为朋友做一些力所能及的事情。拥有越多的真心朋友，我们能够获得的资源就越多，这对我们的成长和发展都是大有益处的。

把喝酒大醉的人踢出朋友圈

马云语录 >> 人们说阿里巴巴太差了，和谷歌、雅虎简直不能比，那时候我知道我比大家想得好。但如今，我也知道我们没有大家想得那么好。

马云喜好交友，但是他并不是什么样的人都交。看看马云的朋友圈就知道，他的朋友都是充满激情、积极向上的。在马云的头脑中，有对朋友的衡量标准，凡是不符合标准的，通常都会被马云排除在圈子之外。

马云认为，有三类人绝对不能结交，也不能和他们做生意：第一类是酗酒的人，第二类是赌博的人，第三类是吸毒的人。赌博的人和吸毒的人，不能与之交往还好理解，但是不结交酗酒的人，很多人或许会觉得就有些矫枉过正了。关于这一点，马云有自己的认识，也有自己的解释。

在阿里巴巴集团主办的第二届全球女性创业者大会上，马云进行了精彩的演讲。演讲结束之后，是现场提问环节。

淘宝卖家肖敏云向马云提出了一个请求："我是做淘宝的，然后我老公也是做淘宝的。我一年大概做两三个亿的销售额，我老公一年做七八个亿的销售额。我老公比较注重应酬，经常把自己灌醉。我老公非常想要宝宝，但是他每天因为生意熬夜、应酬、喝醉，我非常担心他的身体。我今天有一个请求，您能不能对他说几句话？"

听了肖敏云的话，马云回应道："我还真想跟这些应酬比较多的人讲几句实话，可能99.99%说我今天晚上要应酬的男人，基本说的都是假话，是给自己找了一个借口。"

马云直截了当的回答引起现场女性创业者一片掌声。

马云接着说："我从99年创业到今天为止，从来不参加任何应酬。生意一定不是靠应酬做大的，把时间花在客户体验上面，把时间花在员工管理上面，让员工能够尊敬他们，这才是正道。靠两杯酒拉来的客户，都是不靠谱的。

"尤其喝酒喝得大醉的人，坏酒伤肝，好酒伤脑。很烂的酒，把你的肝给弄坏了；很好的酒，把你的脑袋给搞坏了。你真以为自己的生意是靠喝酒喝出来的，脑袋能不坏吗？我个人觉得，如果你花时间跟员工喝一点儿小酒，可能对企业更有帮助。"

在马云看来，酗酒的人总是以应酬作为借口，喝酒过多的后果是，对一个人的健康状况和正常生活会产生不良的影响。对于这类人，马云是不欣赏的，所以也就没有结交的必要。马云的朋友，通常都有阳光的心态，这样的朋友才能给自己带来快乐和幸福。

马云的这种择友标准，并不是功利的表现，而是从一个人应该对社会所负有的责任来考量的。一个酗酒的人，通常考虑的只是自己的生活，而很少顾及身边的人及自己的企业，一个如此不负责任的人，自然不能与之交往。

很多人应该都见过喝醉酒的人，喝醉之后丑态百出，全然没有了个人形象。他的种种表现，不仅对自己的交际活动会有影响，也会将他身边朋友的印象分拉低。所谓"物以类聚，人以群分"，一个愿意和酗酒的人做朋友的人，很容易让人产生消极的联想，所以整体印象当然也不会太好。

第八章

说话格局：言谈中掀开人生"天花板"

马云说："聪明是智慧者的天敌，傻瓜用嘴讲话，聪明的人用脑袋讲话，智慧的人用心讲话。"不难看出，马云对于如何讲话有着自己的独特认知。每个人都有不同的讲话方式，不同的方式会带来不同的效果。能够准确把握讲话方式的人，往往可以赢得人心；而表达方式不佳的人，则会受到别人的冷遇，很难在沟通中赢得人心。两者不同的境遇，将会对生活的方方面面产生深远的影响。想要不断提升人生上限，就要懂得以准确的方式进行表达。

如何说比说什么更重要

很多人的内心深处，都有一种做老师的渴望，总是觉得自己的观点才是
正确的，别人的观点是错误的，于是会不分场合地表达自己的观点。如果有
人持不同意见，就会觉得对方十分愚蠢，甚至怀疑对方是故意和自己作对，
因此会更加急于表现自己，证明自己比对方更加聪明。殊不知，这种锱铢必
较的争辩，已经展现出自己的不成熟。

马云被称作创业者的导师，很多创业者视马云的话为金科玉律，凡是马
云说的话，总要细细品味和琢磨一番。尽管马云不赞同"创业教父"这种说
法，但是在各种场合的发言和演讲总是难以推托的。

如果细心观察和聆听马云的讲话，很容易就能发现他讲话受人欢迎，很
大程度上源于他的讲话方式让人觉得很舒服。在讲话的时候，马云一不讲空
话、大话，二不高高在上、颐指气使，三不炫耀自己的成功。这种平易近人

的态度和方式，为他赢得了不少的拥趸。

有一次，马云做客《对话》节目，一位观众提出了这样一个问题："在本地生活变成一个新的电子商务浪潮的过程中，您希望也要有小而美的企业出来，我们也希望成为其中一个也许小而美或者中而美的企业，您能否提个建议，就是千万别干什么？"

马云回答："这是一个应该慎重对待的问题，你刚才讲这个事的时候，我在回忆2003年、2004年、2005年我在做互联网的时候，那时候我其实就记住一样东西，就是帮我的客户赚钱。

"心里面永远不会改变一样，那就是只有淘宝的小卖家赚钱了，我们才有活下来的可能。本地生活的原则就是这样，让那些喜欢吃喝玩乐并希望在你这里找到能够提供服务的人，让他们真正知道有你和没有你是有区别的。你要全心全意帮他们成功，这个时间越长，你就越有机会。千万不要做的事情是，不要去证明你的模式是对的。因为你今天对的模式，三年以后可能是错的。只需要证明一点，我想帮我的客户成长，这一定是对的。"

以马云当时的身份和地位，回答这样的问题，完全可以以老师的姿态出现，通过自身的经验和学识，从正面回答这位观众，给他相应的建议。然而，马云并没有用这种常规方式回答问题，而是用自己的亲身经历来阐明观点。这种方式让人感觉更真实、更亲切，也就更容易打动人心，让人产生更多的思考。

马云说话的方式，确实值得我们深思。作为互联网行业的翘楚，他都不会随意给出自己的建议，更何况我们这样的普通人呢？要知道，提建议的目的是帮助别人，而非教育别人或炫耀自己的能力，所以说，在给别人提建议的时候，一定要抛弃好为人师的心态。

对于自己不了解的领域，不要随便指手画脚；对于自己擅长的领域，也要谨言慎行。要时刻谨记，如何说比说什么更加重要。在我们身边，因为说话方式欠妥而得罪人的例子比比皆是。有些人的观点十分正确，但是因为表达方式不对，说出来的话往往会伤害别人，以至于让人心生反感。

在这个世界上，每个人都有自己的局限，马云自然也不例外，但是马云对自己有准确的定位，在不同的场合或是面对不同的人，马云总能以最合适的方式表明自己的观点。在面对位高权重的大人物时，马云能够做到不卑不亢；在面对年纪轻轻的创业者时，马云也不会做出前辈高人的模样。他的这种说话方式，与那些"见人说人话，见鬼说鬼话"的伎俩有着本质的区别，最大的区别是，马云的观点始终未变，有变化的只是说话的方式和技巧而已。而这，才是马云真正的说话智慧。

说真实的话，讲真实的事

马云语录
>> 所有的创业者都应该多花点儿时间，去学习别人是怎么失败的。
阿里巴巴是一个偶然，也是一个必然，因为市场机制，因为
一帮年轻人相信我，我们在市场上能够做出这样的东西来。

说话有格局，不是追求把话说得天花乱坠，更不能用虚伪的语言骗取别人的信任。毕竟，每个人都有自己的判断能力，很多时候，你以为自己骗过了对方，其实对方已经知道了真相，只是碍于情面不愿揭穿你而已。说话真有格局的人，通常会以真实制胜，通过真实的话、真实的事，来赢得别人的认可。

在人们的印象中，马云是一个"口无遮拦"的人，无论什么样的话，马云都敢说出口，没人知道，他下一句会说出怎样惊世骇俗的话。实际上，马云说的话并非随口而出，而是他内心想法的真实表达。马云说的话，虽然有时让人觉得突然，但是并不会让人感觉突兀，这是为什么呢？其中很重要的一点，就是他的话很真实。

在全球女性创业大会上，马云曾进行过一场精彩绝伦的演讲，以表达自

己对女性的深深尊重。

他说："姑娘们早上好！今天我相信我受到无数人的羡慕、嫉妒，可能还有恨。早上来的时候，我太太说，'记住，一年只能有这么一次。'

"很多人问我，我们为什么搞女性创业者论坛，其实是阿里巴巴想表达自己的感谢之情。昨天我在韩国参加一个论坛，很多人问阿里巴巴成功的秘方是什么，其实我们没有秘方。但你说真没有秘方吗？16年我们为什么发展得那么快？大概有三个主要的要素：第一个要素是女人，第二个要素是年轻人，第三个要素是专注小企业。

"特别是女人。今天阿里巴巴集团有49%的员工是女人，我们本来应该有50%以上，因为我们并购了一些公司，他们的男性比女性多。我们有34%的高管是女性，我们有女性的CEO、女性的COO、女性的总裁、女性的CFO，我们也有其他的女性管理人员。今天整个阿里巴巴集团绝大部分买家也是女性。

"我在韩国最近做了一些调查，发现无数活得不错、生存下来的好的企业，基本上女性员工成为大多数。所以我们希望有这么个机会，提供给女性论坛，分享我们的经验……这世界将被女性所占领，这世界将会因为女性而丰富多彩。

"这是我们第一次办女性创业大会，我们会一直办下去，办五年、十年。也许十年以后，我们可能真正迎来世界进入女性的时代。姑娘们，enjoy yourself！"

从马云的这段话不难看出，马云对女性创业是持支持态度的，他所说的事情，都是根据实际情况做出的总结，可靠性和可信度都很高。在场的女性听到之后，必然会觉得非常受用。马云对女性的赞美和认可是发自内心的，没有丝毫的夸张和做作，完全是真实感情的流露。这样的说话方式，让在场的女性感觉舒服和亲切。

　　通常而言，真实的话和真实的事更加具有震撼力和说服力，说话的人也更能表现出真诚的一面。在某些场合中，实话实说往往可以起到更好的效果，但是有的时候也不能过于直接地表达，同样的真话，用更恰当的方式说出来，一定能够取得更好的效果。

用数据说话，无形中增加语言分量

马云语录 >> 概念到今天这个时代已经不能卖钱了，它必须变成具体的东西。
当年我做教师时承诺校长要在学校待五年，我每月拿着89块钱的工资，面对外界1000多的工资诱惑，我依旧踏踏实实干了五年，只为了遵守对校长的诺言。

　　有句话叫作"事实胜于雄辩"，无论一个人口才多好，讲话技巧多么精妙，都比不上摆出一些事实更有说服力。毕竟，既定的事实无法改变，其他的一切说辞在事实面前都略显苍白无力。

　　摆事实的方法不止一种，引经据典、援引案例、陈列数据等都属于其中一种，运用这种手法的时候，有一点需要注意，那就是一定要确保所用材料的准确性和普遍性，只有这样的资料，人们才更愿意认可和接受。在各种事实材料中，经典可能不被某些人认可，案例也可能因环境、背景的变化而失去说服力，但是精准的数据通常不会受到怀疑，毕竟数字是对既定事实的客观描述，不受外界环境的影响。而且，越是精确的数据，其说服力越强。

　　马云在讲话中就很喜欢引用一些数据，虽然在刚开始的时候有些人认为某些数字过于浮夸，难以让人相信，可是马云用实际行动证明，他所说的数据并不是虚妄的猜测，而是有自己的切实根据。他既然敢说，就说明自己有一定的把握，有信心达成自己的目标和预期。

2008年新春到来之际，马云曾经做过精彩的演讲，下面是演讲的部分节选：

"淘宝去年的交易量过了400亿，这么几年的发展，从8亿到80亿到169亿再到433亿，增长是惊人的。但是，淘宝今天还是一个孩子。我的理想淘宝今年必须完成1000亿，明年要做2000亿，十年以内淘宝要超过沃尔玛全球的量。

"沃尔玛一年全球卖35000亿人民币，我们今年一天只卖400亿，十年以内要超过全球沃尔玛，大家好像觉得不太可能，但是四年以前我们也没想象到2007年能做400多亿，如果不去想，你肯定不会去做。

"今天人类已经从上个世纪信息为制造业服务到信息为消费者服务，未来的时代不属于沃尔玛，我认为未来的时代属于淘宝。

"我还有一个理想，关于淘宝网，希望在我离开这个世界之前，我能看到淘宝网一年的交易量突破10万亿人民币。10万亿是什么概念？2006年全中国零售总额加起来是7.6万亿，10万亿是很艰难的一个数字，但是我想如果我们努力还做得到。"

马云在演讲中列举的一系列数字，说明了淘宝几年来的发展状况以及他对未来的预期。通过这样的演讲，马云给员工们注入了更多的信心，让员工有了更加明确的发展目标和努力方向。这一切，对于淘宝未来的发展都是十分必要且重要的。

数字给人带来的印象是深刻的，冲击是巨大的。如果能够在适当的时候引用一些精确的数据，无疑会让讲话变得更加严谨和可靠，能增加说服对方的可能性。

　　当然，运用数据的时候，千万要仔细而认真地进行筛选，假如你给出的是一个错误的数据，那么非但无法增加语言的分量，反而可能给对方留下把柄和不好的印象，对于个人形象将是很坏的影响。

不要怕说错，也不要怕丢脸

马云语录

>> 语言是用来交流的，不要怕说错，也不要怕丢脸！
我那时候坚信一点，我困难有人比我更困难，我难过对手比
我更难过，谁能熬得住谁就赢。放弃是最大的失败，假如你
关掉你的工厂，关掉你的企业，你永远没有再回来的机会。

人们常说"言多必失"，很多人正是担心自己说多了反而出错，因此不
敢说太多的话。可是马云的观点却恰恰相反，他觉得说得越多，越能表达自
己的观点，越可能得到别人的认可。因为即便说错了，也能从别人的反馈中
得到有益的启示。对于大胆说话，马云这样说过："语言是用来交流的，不要
怕说错，也不要怕丢脸！"

实际上，有些人不是不想说，只是不敢说，唯恐说错话之后对自己的事
业和生活产生消极的影响，因此宁可不说，也不给自己找麻烦。害怕犯错很
正常，可是如果因为怕就不去表达，那就有些因噎废食了。只有大胆说出自
己的想法，别人才能更好地认识你。要知道，没人能够保证自己说的话都是
对的，也没人可以承诺自己永不犯错，只要勇敢去说，去表达，展现最真实
的自己就够了。

　　再者说，"言多必失"并不是不让人说话或让人少说话，而是希望大家在说话之前慎重思考，不要逞一时之快，否则，真有可能祸从口出，引来不必要的麻烦。

　　马云常常鼓励年轻人大胆说话，并不是刻意煽动，而是因为他自己就是一个敢想敢说的人，想到了什么，就直接说出来，不会有什么隐瞒。当然，马云的话也不全是对的，即便他觉得很有把握，也可能因为某些意想不到的原因而导致食言。为此，马云没少向众人道歉。但是总体而言，他说的大部分话都是对的。如果我们能像马云一样敢想敢说，对的时候一定也比错的时候多。

　　1999年2月，"无业游民"马云受邀参加在新加坡举行的亚洲电子商务大会。

　　这次大会上，80%的参与者都是欧美人，谈论的主要内容也是欧美式的电子商务。由于亚洲的电子商务发展状况不佳，很多人都没有发声。马云听了之后却感觉有些难以忍受，于是站起来用流利的英语阐述了自己的观点："亚洲电子商务步入了一个误区。亚洲是亚洲，美国是美国，现在的电子商务全是美国模式，亚洲应该有自己独特的模式。"

　　有人问："那应该是什么模式？"

　　马云很认真地回答："我也不知道，这是我回去之后应该做的事情。"

　　有些人觉得马云所说的话没有任何意义，只是阐述观点，却没有明确的方向，也没有给出相应的解决方案。但是后来发生的事情，证明他们看轻了马云。

　　回去之后，马云决定做和别人不一样的电子商务。他放弃了拥有诸多资源的大企业，而是将注意力放在了什么都没有的小企业上，用马云自己的话说，就是"只抓虾米"。马云深知小企业被大企业压榨、排挤的现实，于是说："如果把企业也分成富人、穷人，那么互联网就是穷人的世界。因为在互联网上大企业与小企业发布多少PAGE是一个价钱。而我就是要领导穷人，起来闹革命。"

马云不止一次说过要帮小企业赚钱，而且他说了就努力去做。这让很多小企业愿意团结在他的身边，愿意和他同舟共济。对于这种情况，马云又说："中小企业好比沙滩上一颗颗石子，但通过互联网可以把一颗颗石子全粘起来，用混凝土粘起来的石子们威力无穷。可以与大石头抗衡。而互联网经济的特色正是以小搏大、以快打慢。"

马云说这样的话，很可能会得罪一些大企业，由此失去与大企业合作的机会。但是马云并不在意，因为他知道，中小企业一样能够给自己带来商机。所以他敢不止一次地说出支持中小企业的话，不止一次地直接表达自己的观点。这是马云的说话方式，也是他的魄力体现。在一次次的支持论调中，越来越多的中小企业和马云联系到了一起，而马云也一步步地走向了预想中的成功。

马云总是鼓励别人多多表达，虽然说了不一定正确，但是什么都不说的话，就失去了表现自己的机会。在不断地表达中，即便会遭遇失败，但是随着经验的增加，说错的可能总会越来越少，获得成功的可能则会越来越多。敢说，才能表达自己，才能在不断的试错中持续取得进步。

聪明的人用脑袋讲话，智慧的人用心讲话

马云语录 >>

聪明是智慧者的天敌，傻瓜用嘴讲话，聪明的人用脑袋讲话，智慧的人用心讲话。

在一个聪明人满街乱窜的年代，稀缺的恰恰不是聪明，而是一心一意，孤注一掷，一条心，一根筋。

马云是一个以口才出名的人，他讲话时总是充满激情，给人带来极大的精神力量，因此受到很多人的赞扬和追捧。在很多场合，马云都有过十分精彩的演讲和问答。说到其中比较出名的一次，很多人或许会想到马云和王健林之间的那次关于"1亿元赌局"的对话。

这场赌局由王健林主动发起，后来又表示已经取消。没想到在网上发酵之后，出现了各种各样的版本。真实的情况已经无从考证，但是马云在现场的表现可谓不卑不亢，在尊重对手的前提下做出了最好的回应。

2012年的中国经济年度人物颁奖典礼上，王健林和马云有过一场家喻户晓的对话，足足被人们关注了一年的时间。

王健林："电商是一种新模式，确实非常厉害，特别是马云做了以后。大

家要记住，中国电商只有马云一家在盈利，而且占了95%以上的份额，他很厉害。但是我不认为电商出来，传统零售渠道就一定会死。"

马云："我先告诉所有的，像王总这样的，传统零售的一个好消息，电商不可能完全取代零售行业，同时也告诉一个坏消息，它会基本取代你们。今天电子商务不是想取代谁，不是想消灭谁，而是想建设更加新颖、透明、开放、公正、公平的商业环境，去支持那些未来成为中国最佳的像王健林这样的企业家。中国成功的未来的主导中国经济的，不是马云，不是王健林，而是今天没有听见，没有见到过，甚至没有听说过，很多人可能看不见、看不起、跟不上、看不懂的年轻人，他们将取代我们，他们将成为中国经济的未来。因为他们今天正在用互联网的思想和互联网技术在改变今天的商业环境。"

王健林："我跟大家透露一个小秘密，其实我跟马云先生早就对这个问题，我们既是探讨学习，也是在争论，我跟他有一赌，今天在公开场合说起来，2022年，十年后，如果电商在整个大零售份额占了50%，我给他1个亿，如果还没到，他给我1个亿。"

后来，马云数次被问到与赌局输赢有关的问题，有一次，他这样回答："我不跟任何人赌没有把握的赌。这个是因为你不懂才会赌，赌了1个亿，十年以后，所以我觉得如果各位还不认为十年以后，这个零售行业或者传统行业会被互联网电子商务冲击到50%的话，我估计只是他在这个领域里面刚刚进入而已。电子商务它绝对不是一种生意模式，它是一种生活方式的变革。十年以后，结局只会比我们想起来更加可怕，因为它摧毁的不是一种商业模式，它摧毁的是一种旧的思考，它是一种社会的进步，所以是不可逆转的，所以50%这个赌王健林还是不赌为好。电子商务的目的不是去消灭谁、推翻谁，而是建立未来我们认为更加公平、更加透明、更加平等的商业生态环境。其实我们说今天这个企业打败那个企业，那个企业打败这个企业，一点意义也没有，就是换句话说，一头羊把其他的公羊打败了，觉得天下第一了，狼一看，咔，瞎搞，瞎整，因为它完全是两种不同思考的作战。"

2013年11月11日，天猫"双11"发布会现场，再次被问到和赌局有关系的问题时，马云说："大家记住，2022年王健林如果赢的话，是我们这个社会输了，是我们这代年轻人输了。"

时至今日，当我们回过头再去看这个赌局时，在为1亿元的"赌注"震惊之余，不难发现这次对话的实质其实是互联网企业与传统企业的两位领军人物关于企业未来发展与变革的思考与争论。面对王健林，马云不卑不亢，用话语阐明了自己的信心。

在生活中，我们时常也会遇到被别人挑衅的情况，此时，我们应该学习马云的这种回应方式，既要准确地表达自己的想法，又要不伤及别人，在言谈中表现出自己的高大格局，这样一来，我们才能赢得更多的支持，获得更多的成功。

多鼓励，少批评，这样说话惹人爱

马云语录

>> 我相信两个信条：态度比能力重要，选择同样也比能力重要！临阵磨枪总比不磨强，在任何关键时刻、任何压力下都不要放弃，放弃才是人生最大的失败，要学会用欣赏的眼光看自己的缺点，看别人的优点。

会讲话的人，总能得到别人的掌声，赢得别人的赞许；不会讲话的人，则可能被人攻击，甚至受到人身伤害。究其原因，主要是对讲话技巧的掌握程度不同而已。

大家都知道，同样的一件事情，用不同的方式进行表达，往往会收到不同的效果。比如说，在我们批评别人，说些逆耳忠言时，就应该注意方式。如果过于直接，很可能起到适得其反的作用。当然，肯定也有人会有不同意见，认为"忠言逆耳利于行"，如果婉转一些，也许就达不到应有的效果了。

说"忠言"确实是为对方好，确实对对方有帮助，但是，换个角度想一想，如果对方都不愿意听，那么我们所说的话又能起到多少实际的意义呢？毕竟，批评总是会让人尴尬的，如果不管不顾地把话说出来，相信很多人都会觉得难以接受。

在这个方面，马云就很懂得如何将逆耳忠言说得让人觉得顺耳，即便他的批评十分犀利，一语中的，受批评的人也不会有什么不满的情绪。这并不是因为马云的地位高，而是因为他说话的方式和姿态都能够让人接受。

在2011年的第八届网商大会上，马云说过这样一段话："在座所有网商、在淘宝开店的人，其实我要深深表示歉意，我们员工可能在给大家服务的过程中不那么好，尤其我们的客服。但是我去看了我的客服，对客服人员，我深表敬仰，因为他们拎起电话，每天听见的都是骂人的话，很少有人打个电话来表扬你一下。他们每天接受的都是骂人的话，心情不好自然产生，而且都是23、24岁的人。

"随着淘宝的发展，我们对经济学家的需求、政治学家的需求，心理学家的需求、人类学家的需求，远远超过对普通工程师和客服的需求。因为我们在经营一个、运营一个我们从来没有运营过的东西，它是需要大量数据，需要大量的经验，需要大量对未来的开拓，这样的东西来建设。

"因为都是年轻人，年轻人容易从不自信变成自信，然后到自负，到傲慢。我们有这样的趋势，而且这个趋势还存在着，但我们在不断完善。

"我也提醒在座所有卖家，都必须知道这一点，我们都在往这个方向走，怎么样回归到自己。今天的强大，不是你的软件强大，不是你的服务强大，更不是你的创意强大、你的产品强大，而是互联网的强大、网商的强大、买家的强大，是整个社会这个时代造就了我们现在这样。"

在这段讲话中，面对网商的不满，马云并没有直接对自己的客服人员表达不满，以严肃的态度批评他们的表现，而是以"我们"这样的称谓，表明自己和员工站在同一战线上，即便犯了错误，遭到投诉，自己也是整体中的一分子，这样既不会让对方尴尬，也达到了批评的目的。

　　每个人都希望得到别人的好评和赞美，如果受到批评，心里就会感觉很不舒服。所以说，同样是批评，不同的表达方式会有不同的表达效果。以鼓励的方式说出"忠言"，人们往往更乐意接受，能够起到的效果自然也就更好。

忍无可忍，就进行犀利反击

> **马云语录** >>
>
> 在未来，人们不仅仅关注力量和力气，他们更注重智慧、善良、责任。
>
> 我们要尊重不同的声音，要有不同的声音，很多人说过我可以不同意你，但是我尊重你讲话的权利，开放就是这样，别人可以骂我，没关系，但我尊重你，你可以讲，我有我的观点。

即便是一个与世无争的普通人，在生活中也会遇到各种各样的问题，更不要说像马云这样时刻受人关注的著名企业家了。面对生活中的各种难题，马云会以不同的方式进行回应。假如对方带有善意，马云就会以善意进行回应；假如对方带有恶意，马云在忍无可忍的情况下也会进行犀利的反击。

尽管有"忍一时风平浪静，退一步海阔天空"这样的说法，但是忍耐并不是毫无限度的。如果对方的话已经触及人的底线，那么适当的反击就是十分必要的。犀利的反击可以表明自己的态度，对对方起到震慑作用，以免对方得寸进尺，给我们带来更多的麻烦甚至不堪。

有一次，马云做客《面对面》节目时，一位参与者提出了问题："我比较赞成打赌马云会赢，但是我有不同看法，在哪里？就是我们知道线下零售已经受影响了。其实征税，税收来自于线下，那个零售体系知道淘宝网上交易是没有征税情况的，但是在天猫有，马云怎么看？如果强征税了，淘宝的东西能不能更便宜？你是一个什么态度，对淘宝本身有没有影响？"

马云回答："这是一个好问题，这个问题是一个经济学家提出来的，不是你，跟你没关系。我知道有一个经济学家，带头提出了淘宝成功是因为中国税收贵了，所以这个样子。因为我们习惯觉得别人成功，一定是钻了某个空子。你觉得有没有这个原因？有这个原因，这个原因到底有多大，非常非常的小。在淘宝上面，今天来讲，94%的卖家不在征收税收的比例里面。但是由于这个不在征税里面，这些人一年的营业额在24万人民币以下，这些成了淘宝主题市场。超过的6%，我们发现很多人已经开始在交税，今天在淘宝上依靠淘宝成长发展创造就业的间接和直接有1000万人，我们把6%所有的税加起来有五六十亿，国家愿意收这五六十亿，即使收得精光，还是希望这1000万人创造更多的创业和就业机会。

"我自己觉得淘宝今天，我好像四年前就讲过，一个企业不交税务不道德，你不能说我不交税。我告诉淘宝，今天这个时代，是欠债的一个红利时代刚刚开始的时代。如果你不为这个做准备，你走不远，真能靠不交税持续的经济是不可能的，所以我对这个假设中国开始征税，100%相信淘宝那些企业会继续创造更多的奇迹出来。因为他们并不是人们想象的那样靠一点点偷税漏税，他们靠创新在生存，他们靠希望在生存，我对他们抱有希望。"

马云是一个对社会很有责任感的人，一个不交税的企业，马云是非常看不上的，所以他根本无法忍受别人说他不交税，于是他展开了犀利的反击，用自己的观点和数据说明对方的质疑是毫无道理的。这样的反击，并不会影响马云在众人心目中的形象，相反，由于他敢于和那些胡乱猜测的人进行辩论，反而为自己赢得了不少加分，让更多人感受到自己的人格魅力。

包容和忍耐是很好的相处方式，但是到了忍无可忍的时候，也没有必要非得委屈自己，尤其是在面对那些毫无技术含量的话题时，可以在保持克制的情况下进行犀利的反击。通过反击让对方知道自己不会一味忍让，让对方注意控制自己的言行，不要再说一些毫无根据的话，再做一些无厘头的事。

第九章

——

做事格局：做正确的事，
正确地做事

——

　　马云说："前段时间我们讨论了感恩和敬畏之心，当然光有那些是不够的。我们还要有正确做事的方法，特别是做正确事的决心！"想要把事情做好，就需要足够的决心以及正确的方法。方法对了，做起事来就能事半功倍；方法不对，做起事来则要事倍功半。很多年轻人只注重事情的结果，却对做事的方法不管不顾，这种错误的认知，必然会让他们做出许多无用功，白白浪费了宝贵的时间和精力。

有错必纠，及时回应就是及时止损

马云语录
>>
30％的人永远不可能相信你。不要让你的同事为你干活，而让我们的同事为我们的目标干活，共同努力，团结在一个共同的目标下面，就要比团结在你一个企业家底下容易得多。所以首先要说服大家认同共同的理想，而不是让大家来为你干活。

马云在创业的过程中，受到不少的嫉妒和指责，有些人甚至为了打击马云而进行不正当的攻击或恶意的诽谤，对于这一切，马云坦然接受。对于无谓的争执，马云从来不愿参与，他觉得那是在浪费自己的时间。而且，在阿里巴巴的价值观里，有一条就是"永远不说竞争对手的坏话"。

对自己的竞争对手，马云总是充满感激，正是他们的存在，才使得马云从来不敢懈怠，而是每时每刻都绷紧神经，为公司的发展做出更多的思考和统筹。然而，即便再小心谨慎，也难免有出现纰漏的时候。一旦真的因为自己出现了问题，马云并不会推诿解释，而是在第一时间表达歉意，纠正自己的错误。

有一次，马云在和朋友聊天的时候，无意间拿京东开了一个玩笑，没想到，自己的朋友将这段话录了下来，并且最终演变成公开事件。一时间，外界的批评声四起。

尽管在马云看来，这次聊天只不过是一次闲聊，而自己说的那些话也只是吹牛而已，但是糟糕的影响却已经造成，对阿里巴巴造成的损害也已经发生。马云深知，在别人不知道具体语境的情况下，这段录音确实很容易被曲解，所以自己应该承担一些责任。于是，马云发文向京东表达歉意，希望得到对方的谅解。致歉原文如下：

"上午，收到公关部王老总一条短信：'恭喜您马总，聊天聊嗨了？没想到朋友录音成文吧？'我回他：'防不胜防，下次聊天上澡堂……'

"我这个人喜欢聊天，漫无目的，海阔天空，痛快淋漓而只图'嘴爽'。这些年在很多不同场合，我说了不少的'疯话''胡话'和'愚蠢的吹牛'，给自己也给别人带去了不少问题和麻烦。轻狂和无知总是一路伴随着我，我这年龄真不该'童言无忌'啊！

"这次聊天，没想到一个朋友把聊天再次录音成文，很多话确实是我说的，但媒体却弄出一个我批评京东的标题文章，传播得很快。友人间的吹牛聊天被公开成报道，对大家都不公平，特别是对京东公司可能会造成无端的困扰和添乱，我深表歉意。

"我补充一下我对京东的另外一些思考吧：任何商业模式都是不完美的，没有所谓真正正确的模式。适合自己的鞋子才是最好的鞋子。适合自己理想的，受客户欢迎的就是最好的！如果中国互联网只有一种所谓的正确模式，才是我们的悲哀和无知。当然，我们这些创业者都是在每天被人挑战指责下走出来的。今天的京东也已经不是昨天的京东，我们真心关注并祝福它的努力和变革。

"我估计也改不了自己'好为人师，诲人不倦'的性格，也习惯了被各种'语录观点'……但是我希望把自己的观点尽量完整表达，以免再'出口伤人'。"

　　和朋友闲聊的过程中，马云没有想到会被录音，更没想到这段录音会被公开出来。于是，一些别有用心的人开始借此攻击马云，这让马云的形象受到了极大的损害。马云明白自己的"失误"是造成这一结果的重要原因，于是，他主动致歉，以最大的诚意挽回给京东及自己造成的损失。在这篇道歉信中，马云并没有为自己辩解或开脱，而是认真地审视了自己的言行，从自己身上找到问题的根源所在。

　　在面对过失的时候，马云想到的不是单纯地维护自己的形象，或找到自己的朋友进行责问，他想到的，是及时道歉，以求将造成的损失降到最低。这才是一个伟大人物应有的做事格局，也是马云做事总能得到支持的关键所在。

　　在日常生活中，我们也会被人误解，遭受委屈，很多人的选择是辩解或者反击，以求洗刷不白之冤。不承想，在辩解的过程中，已经造成了更大的损害，让我们再也无法及时进行弥补。与其如此，倒不如在出现问题的第一时间，就及时做出回应，表明自己的态度。这样做或许要遭受一时的委屈，但是相信总会有水落石出的一天。到那时，我们就会发现，自己能够得到的比当时辩解所能获得的多出许多。

要有正确做事的方法和决心

>> 人们觉得你说得好，更多时候是他们认为你做得好。

帅哥你看第一眼很好，时间长了会看腻，越看越不好看。长得难看的，第一眼觉得难看，越看越好看。还是两个不同的策略，你喜欢短的还是喜欢长的，我们选择的是长期发展。

阿里巴巴创办至今，已经取得了令人瞩目的成就，但是马云常说，阿里巴巴能够取得如今这样的成就，是因为运气比较好。这种说法是马云自谦的表现，也是他对这个时代的感恩。但是话说回来，与马云一起踏入互联网行业的人不在少数，为什么只有马云取得了如今这样的成就呢？归根结底，还是因为马云找到了正确的做事方法。

很多人觉得，马云总是走在时代前列，阿里巴巴将会越做越大，前景会越来越好。对此，马云并不否认，毕竟他的理想就是将阿里巴巴做成百年公司。但是，马云也没有过于乐观，他常说："阿里巴巴从创业到现在所犯的错误，不亚于任何一家创办业已二三十年的公司，甚至更多。"

对于公司的发展，马云有着清晰的认识，他很清楚自己应该怎样去做，又应该让员工去做些什么。

关于说和做，马云曾经在飞机上花了两个小时，给工作不到三年的员工写了一篇长帖，在帖子中，马云谈及了正确做事的方法和决心。下面是部分内容的节选：

"看了最近内网中各类有意思的讨论，私下里也听了很多老同事对今天新同事特别是那些'80后''90后'同事们的不理解和不满……前段时间我们讨论了感恩和敬畏之心，当然光有那些是不够的。我们还要有正确做事的方法，特别是做正确事的决心！对今天年轻人的浮躁和做事说话的态度，我深表理解，因为我们都这么年轻过。我觉得今天年轻人的态度我们也有部分责任，因为我们自己没有明确告诉他们我们阿里做事的方法和态度。

"我们是公司，我们用自己的办法和手段在完善我们这个社会，表达我们对这个世界的热爱。我坚信建设性的破坏要比破坏性的建设对我们这个社会有意义得多。今天的社会能说会道的人很多，能忽悠大家的人很多，但真正完善建设的人太少，近百年来我们一直用一种推翻破坏的思想和方法在忽悠人们其实完全不同的未来理想。

"因为破坏是最容易的！建立任何一个社会也好，公司制度也好，需要的是千锤百炼的努力和完善。中国一直不缺批判思想，中国缺的是一批实实在在干事，做千锤百炼苦活的人。就如公司不缺战略，不缺idea，不缺批判一样，公司其实缺的是把战略做出来的人，把idea变现的人，把批判变建设性完善行动的人！"

"今天我还是要和大家说上面这些，也许大家会觉得马云很讨厌，很不可爱。我不是来求大家喜欢的，我是告诉大家我真实想法的。你可以很讨厌我，但你只要是这么做，绝对不影响我喜欢你，但你不按这么做，我是会很令你讨厌的！"

在给员工的长帖中，马云一直强调的是怎样做事，怎样把事做好，以及自己做这些事情的目的和意义。无论受到表扬还是遭受质疑，无论荣耀加身还是遭遇挫折，马云的信念始终没有改变，他坚持做正确的事情，而不轻易受外界环境的影响，正是这样做事的态度，使得他最终做成了别人做不成的大事，取得了别人难以取得的成就。

在做事方面，马云有着自己的坚持，只做正确的事，让马云和阿里巴巴少了很多犯错的机会，即便犯错，也不是无谓的错误，从这一点上来说，就已经让员工节省了很多时间和精力，对于公司的整体发展而言，这显然是有利的。

不仅在工作中，生活中做事也是一样的道理，只有找到正确的方法，才能事半功倍，只有坚定自己的决心，才能不被外物所扰，执着地在自己的工作中付出全部的力量。一个人一旦能够全身心投入，那么他做任何事情都能获得成功。

现在就做！马上就做！

马云语录 >>
现在就做！马上就做！如果有人因为支付宝进监狱，那个人就是我，马云！如果你做不好的，搞一些违法乱纪的事，我就把你送到监狱。

对于自己的成功，马云说过："我没那么厉害，我只想证明一点，我们这些人能成功，关键是我们想到了就干，并且以自己的方式在干。"

马云的性格里，有深思熟虑的一面，也有雷厉风行的一面。对于自己没有把握的事情，马云会反复斟酌，寻求最有利于公司的解决方案；对于自己认定有前途的事情，马云会毫不犹豫地拍板决定，以最快的速度让想法变成现实。

马云认为，这个世界上没有十全十美的方案，做任何一件事情，都要承担一定的风险，在该出手的时候，一定要抓住时机，否则，机会一旦错过，再想找回来就很难了。正是这种说干就干的风格，让马云把握住了很多转瞬即逝的机会，打造出自己的商业帝国。

刚刚建立淘宝的时候，很多人都在观望，所以成交量并不是很高。

那个时候，淘宝的网络交易模式还是新兴事物，很多人对这种模式并不完全信任，于是出现了买方不愿意先付钱，卖方也不愿意先发货的情况。

马云意识到，产生的交易无法顺利达成已经成为淘宝发展壮大的瓶颈所在。究其原因，困扰电子商务发展的并不是模式，而是买卖双方无法对彼此产生信任。找到问题的根源之后，马云决定启动支付宝项目。但是，项目的进程并不像马云想象得那么简单。

马云回忆说："支付宝的起源非常困难，我们最初希望和银行合作，但银行不愿意，觉得简直是'异想天开'。如果我们自己做，这种金融操作是违法的；如果我们不做，那电子商务少了可靠的付款环节不可能进行下去。这也要感谢达沃斯给了我灵感，2001年我在达沃斯论坛听了青年领导的讨论，热血沸腾，我当时就拿起电话打给我的下属：'现在就做！马上就做！如果有人因为支付宝进监狱，那个人就是我，马云！如果你做不好的，搞一些违法乱纪的事，我就把你送到监狱。'就这样支付宝迈出了最艰难的第一步。"

支付宝这个项目能够落地，马云的魄力在其中起到了巨大的推动作用。但是，马云也不是没有顾虑和担心。他曾说过："我看到支付宝六年以前，决定做支付宝。我前两天听支付宝的会议胆战心惊听不懂，两天内没听懂他们讨论的问题，无论是技术、安全、设施还是合作伙伴，尤其是技术等复杂的问题。如果六年前我知道这么复杂，我敢干吗？无知者无畏，干到现在这么大，我也只能搞下去了。"

支付宝项目的成功，与马云雷厉风行的做事风格有着很大的关系，当机会出现时，马云毫不犹豫地做出决定，即使可能"因为支付宝进监狱"，马云也愿意承担严重的后果。这就是马云独特的做事格局，也是马云能够不断取得成功的行动支撑。

人的一生中，会有很多做出选择的机会，但是能从根本上影响人生之路的，也就那么几个而已。时机来临的时候，如果能牢牢抓住，人生会走向一个更好的方向；如果眼睁睁地看着机会溜走，那就只能徒留一声叹息。

走出自己的路，才是最好的路

马云语录
>>
亚洲电子商务步入了一个误区，亚洲是亚洲，美国是美国，现在的电子商务全是美国模式，亚洲应该有自己独特的模式。

　　这个世界上，没有完全相同的两片树叶，也没有完全相同的两个人。或许你不是最优秀的那一个，但你一定是世界上最独一无二的那个人。你一定要相信，天生我材必有用，每个人的存在都有其独特的价值，关键是，你要怎样去实现自己的价值。

　　无论说话还是做事，马云都有一套独特的风格，对于每一件事情，马云都有自己的见解。他的这种独特，并不是刻意做出来的特立独行，而是确确实实拥有自己不一样的观点，并通过自己的方式展现出来，就这样，人们眼中看到了一个与众不同的马云。

　　从成立阿里巴巴的第一天起，马云就想把阿里巴巴打造成百年公司，希望阿里巴巴能够生存102年。马云始终认为，假如阿里巴巴不能成为像微软、沃尔玛一样的大型公司，他会终身遗憾。对于这一点，马云说："我认为我们要超越微软和沃尔玛，因为我们的使命是比上一代人做得更好。沃尔玛创造了一个出色的业务模式，促使B2C模式的产生。但是淘宝和阿里巴巴创建了C2B模式，为了满足消费者，所有企业改变了其经营模式。所以我认为本世纪会为年轻人带来改变世界的机会。我们的前辈已经在教育上投入了巨大的人力和物力，现在是出成绩的时候了。"

有些人或许觉得，对于创业不久的马云来说，超越微软和沃尔玛这样的目标好像有些过大了，马云有些过于自信。但是，马云会有这样的目标，并非虚幻的想象，而是因为他对阿里巴巴有充分的信心。阿里巴巴的运行模式，和很多传统的行业有着本质上的区别，也就是说，阿里巴巴有一条属于自己的发展之路。这种与众不同的方式，正是马云信心的来源。

近年来，随着马云和阿里巴巴知名度的提升，很多人开始模仿阿里巴巴的经营模式。

具体来说，就是世界上有上千家企业宣称自己能提供与阿里巴巴相同的服务，有些企业甚至扬言要取代阿里巴巴。对于这些后来者，马云引用了齐白石的一句话来表明自己的态度："似我者死，学我者生。"

马云觉得，即便自己从阿里巴巴离开，也很难再创办一家新的阿里巴巴，因为阿里巴巴发展至今，已经拥有了数百万的用户，在全球范围内建立起了采购体系，这些都是后来者很难模仿的。

马云认为，只有"好好研究一下成功企业的经营理念，寻找市场还缺少什么，和现有的大企业形成互补，走出自己的一条路子"才是阿里巴巴的"生路"。

走出自己的路，才是最好的路。马云的商业之路是这样的，人生之路也是这样的。不管什么时候，刻意模仿都是不可取的，只有做真实的自己，做不一样的自己，做最好的自己，才能逐渐成为一个充满自信的人。而自信，恰恰是一个人能够取得突破的关键因素。

　　走一条属于自己的路，虽然开局艰难，但是竞争较少，反而更有可能取得成功。这是马云教给年轻人的人生智慧，年轻人需要好好学习和掌握。

顾客是上帝，犯了错也要驳斥回去

> **马云语录**
> >>
> 社会需要正气，年轻人需要正气，未来我们的孩子需要正气。
> 淘宝不是假货多，是你太贪。二十五块钱就想买一个劳力
> 士手表，这是不可能的，这是你自己太贪了。

现代企业追求以客户为中心，都希望能给客户带来良好的消费体验。于
是，"顾客是上帝"这句话被很多人奉为经典。这种观点本身是正确的，只
不过有些顾客抓住企业的这一心理，总是不断地得寸进尺，再加上有些人的
认知出现偏差，因此出现了一些唯顾客马首是瞻的情况。

有些人觉得顾客说什么都是对的，不能进行反驳，不然会引来顾客更
多的反感。于是，即便遭受了一些委屈，也要笑脸相迎。关于这一点，马云
并不赞同。他觉得，有些委屈可以受，有些事情可以承担，但是错了就是错
了，即便对方是客户，也要有足够的勇气驳斥回去。所以在面对一些无理的
要求时，马云总是直截了当地进行反击。

对于马云和阿里巴巴来说，2011年并不是十分顺遂。其中，淘宝商城忽
然提高准入门槛一事，引起的反响是最大的。淘宝想通过提高技术服务费和

保证金的方式，来提高淘宝商城的进驻开店门槛，以此摆脱假货、水货与劣质服务的困扰。

虽然淘宝商城的出发点是好的，但是对于一众淘宝中小卖家来说，这是很难接受的。于是，他们联合起来对淘宝展开围攻。他们利用淘宝商城的规则，通过先拍卖再无条件退货的方式，来攻击淘宝商城中的大卖家。还有许多商家联合起来发出抗议，这种混乱的局面，使得马云只能从美国火速飞回杭州，他召开了媒体见面会，对所有的情况一一进行了说明，发出了自己的声音。

媒体见面会现场，有人质疑马云这是典型的"过河拆桥"行为。对此，马云说："有人说阿里巴巴不了解小企业，不关注小企业的生死，我想问，国内有哪个公司或者哪个机构能站出来说比我们更了解小企业，比我们更能够直接地了解小企业发展的现状和问题？这12年来，阿里巴巴的发展与中国小企业的发展荣辱与共，我深以为傲！淘宝运营9年来，淘宝至今仍然坚持免费开店策略，我们从不指望淘宝商城挣钱，但是我们要求所有商家必须确保这个平台的整体品质，赚到钱的重要基础就是所有商家必须能给消费者提供有品质的商品和服务。"

马云强调，淘宝发展至今，对阿里人来说意味着责任，马云说："淘宝网每年仅运营成本就超过70亿，淘宝平台今年交易规模达到6000亿元，培育了800多万的商家，每年直接、间接提供200万个就业机会，如果有一天淘宝关门了，哪怕是关停一天，其影响都不堪设想，所以我们必须采取一切确保品质的措施，这也是淘宝商城提高品质门槛的初衷。"

面对诸多中小卖家的呼声，马云并没有选择妥协，而是根据实际情况进行了犀利的反击。该自己承担的，一定要承担；不该自己承担的，千万不要承担。这是马云做事的原则，值得很多人好好学习。马云说："只有坚持原则，才能让自己的事业做得更大。"如果一家企业无限度地包容和忍让，到了连底线都被跨越的时候，危机就会不期而至，企业终将被彻底击垮。

在生活中，我们也会遇到很多相似的情况，有些人说话的时候总是给人一种尖酸刻薄的感觉，甚至有些人就是直接冲着人的。对于这种蛮不讲理的人，我们一定要及时进行驳斥。如果只是一味地退让，而没有自己的原则和底线，那么只会让对方得寸进尺，更加咄咄逼人。只有进行有理有据的反驳，才能让对方明白自己的错误，也能从中得到对方的尊重。

没有狮子，羚羊们也活不久

马云语录
>>

有竞争才有发展，因为有了敌人的存在，因为有了不服输的决心，才会努力地做好自己的事。所以，有时候，敌人比朋友的力量更大，天下没有永远的敌人，却有永远的朋友，有些时候，敌人也可以变成朋友。

众所周知，马云是一个很喜欢竞争的人，这并不是他居高自傲，而是真心希望行业内能够形成良性的竞争机制，这样的话，对所有的企业都有很好的促进作用。

记者询问马云对"双11"的"电商大战"有何看法时，马云说："我觉得明天不是电商大战，我们也不知道跟谁战，也没什么战的，因为我觉得一贯去看整个阿里历史过程，我们很少把竞争对手当成自己的主业在干。"对于竞争，马云有自己的独特见解，而且很多见解总能让人眼前一亮。

有一次，记者向马云提出问题："你希望建立和谐，希望阿里巴巴是包容的平台，能够共同成长的平台，而你的很多对手是富有攻击性的，你如何保证自己的阵地不被攻击？"

马云回答说："我们所有做生意的人希望有一个很好的环境，我们称之为一个生态。其实阿里巴巴想做的是一个生态链。有人说你们胃口太大了，一会儿做B2B、B2C、物流、支付，听说还要整金融，现在搞出一个操作系统，你们到底想干什么？

"我们没想干什么，我们只想为在座的以及在这个外面几千万的网商建一个良好的生态系统，把成本降低，把整个社会的成本降低，只有这样，我们才能发展起来，竞争一定是存在的。有人经常说某某公司又要挑战淘宝了，某某公司打败了阿里巴巴，挺好。

"打败我们的，不是他们，而是我们自己顽固的思想。我自己觉得商场不是打败了对手你就赢的，因为打败了对手，对手太多了。所以我个人觉得我们要花很多时间去想想生态系统，土地、水，还有生物多样性，各类竞争者在这儿，竞争让你完善，让你越来越成长。

"你说我喜欢不喜欢竞争，我喜欢竞争，一听见竞争，我浑身快乐。竞争比赛的是什么？比如何比对手更加快乐地完善自己，以及让对手越来越火，越来越不爽。生气的人一定不会打架的，会战者不会怒。今天学会和竞争对手相处才是最厉害的，商场犹如一个生态系统，狮子去吃羊绝对不是因为恨羊，而是我不得不吃。

"打败对手，绝不是你多么强大，而是对手顽固自封的思想，不愿意完善自己，使它失去了未来。我们也是一样，如果被对手打败，是什么导致失败？是技术不如人，我们必须完善；人才素质不如人，我们必须提升员工素质。生态思想，跟对手共赢，一起玩。没有狮子，羚羊们也活不久，所以不要恨对手。"

马云的做事方式总是那么与众不同，当别人将竞争对手拼命推出去的时候，马云却希望拥有更多的竞争对手。马云从生态的角度出发，说明竞争对手的重要性，没有了竞争对手，就会失去努力向上的动力，一旦如此，最可能发生的情况就是阿里巴巴也要随之消亡。毕竟，被人追着跑和自己一个人跑的心态是不一样的，没有竞争，主动性自然就会下降，这对企业的发展只有负面影响而没有积极意义。所以说，马云欢迎竞争，喜欢竞争，希望在竞争中把阿里巴巴做大、做强。

很多年轻人对竞争充满恐惧和反感，唯恐自己在竞争中失败，失去继续下去的机会。实际上，这种想法是不对的。生活中处处充满竞争，这是任何人都无法改变的现实。从心态上害怕竞争，首先已经输掉了一半，只有敢于竞争，乐于竞争，才能在竞争中发现不足，改进不足，让自己慢慢变得更加优秀、更加强大。

无须辩解，把时间用在做事上

马云语录 >>

今天会很残酷，明天会很残酷，后天会很美好，但大部分人会死在明天晚上。

胸无大志才是最伟大的，什么叫伟大，伟大就是无数的平凡做出来的，无数的平凡、单调、枯燥。

马云是一个有傲骨的人，有时候说出话来总让人觉得有些"狂"，但是马云的"狂"并不让人感觉厌烦，因为他不仅"狂"，也懂得在"狂"之外做出自己的努力。每当有人对马云表示质疑的时候，他总能用事实证明自己的"狂"是正确的。马云这种"狂"且低调的做事格局，让很多人对他产生了深深的佩服之情。

对于别人的评价，马云总是一笑置之，对于种种的质疑，马云选择的回击方式就是用事实证明自己。马云觉得，与其将时间花在辩解上，倒不如用这些时间去做更多有益的事，更多能够证明自己的事。

一次访谈节目中，主持人问马云："你觉得当别人说你是疯子、骗子、狂人的时候，对你都是某种程度上的冤枉吗？人家说的时候，你怎么看？"

马云回答说："我自己看来觉得我并不是疯子，我也不是狂人，我更不是骗子。我觉得挺好，你得用结果去证明你不是。1995年我们做互联网，人家认为我们在说一个不存在的故事。但是到1995年8月份，中国电信一推出互联网的时候，我就证明了这世界上确实有互联网存在。别人都不相信电子商务，不相信中国的B2B和全世界B2B能够存在的时候，我们花了4年时间来证明B2B有这个市场。直到今天为止我们提出来，我们希望把这个中国人创办的公司带成全世界最好的公司，别人认为你太狂妄，你怎么想打进世界500强！想想也不要钱的，想想也不犯罪，你连想都不想怎么去做？你想了以后，然后你一步一步踏实地建立优秀的梯队去做。人家说你是狂人，你天天去解释我不是狂人，人家说你是疯子，你天天解释你不是疯子，那你就没时间做事儿了。"

"人家说你是疯子，你天天解释你不是疯子，那你就没时间做事儿了。"这就是马云对质疑的处理态度，不去辩解，而是将时间用在做事上，结果终将证明一切。马云做事的风格中，有狂傲的部分，也有低调的部分，这样的马云，总是让人又恨又爱，但是无论别人如何看待，这就是真实的马云。

在实际生活中，我们难免会遇到各种各样的质疑，甚至可能遭受一些莫须有的评判，面对这种情况，很多血气方刚的年轻人首先想到的是用反击来保护自己。但是事后证明，种种反击和辩解非但没能消除质疑，反而严重影响了自己的情绪，令自己陷入更加被动的境地。

实际上，我们不妨学习一下马云的处理方式，无论别人如何评价，先把自己的事情做好，当事实摆在眼前的时候，所有的质疑自然就会烟消云散。

第十章

——

财富格局：关注财富，也要关注
财富之外的东西

——

　　马云说："在我看来，生意人、商人和企业家是有区别的。生意人以钱为本，一切为了赚钱；商人有所为，而有所不为；企业家是创造财富，为社会创造价值，影响这个社会。赚钱是一个企业家的基本技能，而不是所有技能。"马云对财富的态度，和许多人不尽相同，他关注财富，也关注财富背后的东西。作为年轻人，应该学习马云的这种格局，不被财富迷住眼，才能正确看待财富，进而赚取更多的财富。

赚钱并不是人生的头等大事

> **马云语录**
> >> 我从未想过我的财富是仅仅属于我个人的，它属于整个社会。当你有几百万元的时候，你是个富翁；当你有几千万元的时候，这些就是资本；而当你有上亿元财富时，它就成了社会资源了。

现代社会，人们的经济条件越来越好，物质生活越来越丰富。而越来越多的物质需求，又刺激人们对财富有了越来越多的渴望，让很多人将赚钱视作人生中十分重要的一件事情。

每个人都有追求财富的权利，都可以为了拥有更好的生活去赚取更多的金钱。但是，在金钱面前，我们应该保持良好的心态。也就是说，我们可以借助自己的知识、智慧去赚取金钱，但是不能将赚钱视作头等大事，如何把握其中的尺度，往往取决于一个人的财富格局。

马云曾说："贪婪和拜金主义让我感到担忧，其实造成金融危机的其中一个原因就是贪婪。"很多人都没有想到对金钱的贪婪会对世界造成如此大的冲击，但是马云想到了。在我们身边，还有许多更加贴近生活的例子，比如为了金钱而盗窃、抢劫的不法之徒，为了财富而贪污受贿的官员，等等。他们确实在短期内拥有了大量的财富，但是内心的不安，让他们很难踏踏实实地享受生活。这样的财富，又有什么意义呢？

马云从不将赚钱放在重要的位置，但是如今的他，却拥有了常人难以想象的财富，其中蕴含的道理，值得我们深思。

从创业之初，马云就说过，自己创业并非为了赚钱。在马云财富不多的时候，这种说法并没有引起多少关注，但是当马云已经拥有巨额财富的时候，他依然这样说，就让很多人觉得他是故作姿态。

2016年，中国G20峰会在杭州召开，马云在接受采访时，与记者进行了一段对话。其中有一个问题，就涉及了"不为赚钱"这个话题。

记者问："在十几年前，将近二十年前，在成立这个公司的时候就说的这句话，当时说出来，你面对的反应和今天说出来面对的反应，肯定是不一样的。你还能想得起来当时你说这话，大家怎么看你吗？"

马云回答："当时我觉得吧，我跟阿里巴巴那些创始人讲的时候，大家觉得行吧，就说吧，我们总得有个说法。但是经过这么多年来，我们是越来越相信了，很多人讲，'马云，你们这个企业闷声发大财不是挺好吗，干吗要这样做？'

"我觉得小企业你可以做到闷声发大财，企业这么大了，真正要发的大财是对社会的担当，你真正要做的是，如果今天我们这样规模的企业，还依旧在想着下个季度的利润、明年的收入，我是觉得我们愧对社会对我们的信任，我们今天所拥有的资源、技术和人才，和全世界对我们的关注，这是一个可以改变很多事情，影响很多年轻人，让他们走向真正的致富，解决这个世纪一个重要的三大难题之一，就是贫困问题。

"我是觉得这是个责任和担当，也是个福报，你不能把它真的变成，你今天挣了再多的钱，这世界上永远会有人比你更挣钱，然后钱怎么样呢，你挣了钱要拿去干吗？你能吃多少？你能睡多少？"

在马云看来，自己创办阿里巴巴，最终目标并不是赚很多很多钱，而是要为社会负起责任，这种责任感，让他产生了比赚钱更多的激情，在这种激情的激励下，马云有了更多的奋斗动力，也取得了更多的成功。

不懈追求财富本身并没有错，只是一个真正懂得生活的人，并不会将赚钱视作人生的头等大事，因为生命中还有很多重要的事情，并不是只有赚钱这一件事。如果一个人只想着赚钱，生活中容不下其他的事情，那么即便赚到很多钱，生活也不会十分充实。

所以说，钱只是让生活变得富足的一个手段，而不应该成为生活的最终目标。在追求改善生活的同时，应该保持豁达的心态，坦然面对财富，更加热爱生活本身。

太多的钱就失去价值，对企业是不利的

马云语录

>> 阿里巴巴能够走到今天，有一个重要因素就是我们没有钱，很多人失败就是因为太有钱了。以前我们没钱时，每花一分钱我们都认认真真考虑；现在我们有钱了，还是像没钱时一样花钱。

在很多人看来，投资越多越好，钱越多，能做的事情就越多，公司发展的机会也越多。可是对于马云来说，钱太多不仅不是一件好事，甚至可能会坏事。

马云的这种想法让人觉得匪夷所思，但是他有自己的理论。马云认为，公司只要能够拿到足够的投资就行了，如果钱拿多了，反而会失去价值，令公司的发展受损。正是因为有了这样的认识，马云会让人不可思议地拒绝一些在他看来有些富余的投资，而是只要自己需要的投资数额。

马云在接受孙正义的投资之前，曾经与对方进行过艰苦卓绝的谈判。最终，双方达成一致，软银向阿里巴巴投资3000万美元。

初步谈妥之后，马云和蔡崇信一起从东京回到杭州。随即，马云召集阿

里巴巴的董事们召开了一次会议。会上，马云和董事经过一番计算和讨论之后发现：如果接受孙正义3000万美元的投资，那么软银在阿里巴巴占有的股份就太多了，这会影响阿里巴巴的股东结构。这和马云一贯的原则——不允许任何机构和自然人控股阿里巴巴——是相违背的。

于是，董事会刚刚结束，马云就给孙正义的助手打去了电话："我们只需要足够的钱，2000万美元，太多的钱会坏事。"

听到马云这样的表述，孙正义的助手觉得有些不可思议，什么人会觉得自己接受的投资太多呢？而且，马云随意更改谈判协议的做法，也令其非常不满。

鉴于这种情况，马云只好立刻给孙正义发了一封电子邮件。在这封邮件中，马云除了告诉孙正义要将投资额减少到2000万美元，还希望孙正义能够担任阿里巴巴的董事。

关于投资金额的事情，孙正义同意了，但是对于担任董事职务，孙正义说："我从来不做我投资公司的董事，你们知道我会很忙，没有时间经常参加你们的董事会，而你们新创公司是每个月必须开一次董事会的，我如果是董事却不参加，那是对其他董事的不尊重。"

马云又提出："那至少也要当个阿里巴巴的顾问吧！"

这个职位孙正义通常也不会接受，但是这次他最终同意了。对于这次谈判中的曲折，蔡崇信说："我想这是他（孙正义）投资经历中让步最多的一次。"

孙正义对这次谈判的结果非常满意，他在给马云的回复中说："谢谢您给了我一个商业机会。我们一定会让阿里巴巴名扬世界，变成像雅虎一样的网站。"

在双方正式签署合同，软银向阿里巴巴正式注资之后，软银开始帮助阿里巴巴拓展全球业务，双方同时在日本和韩国建立起合资企业。

很多人或许觉得，到手的钱都不要，马云的做法真是无法让人理解。对此，马云解释说："是的，我在赌博。但我只赌自己有把握的事。尽管我以前控制的团队不超过60人，掌握的钱最多只有200万美元，但2000万美元我也管得了，太多的钱就失去了价值，对企业是不利的，所以我不得不反悔。"

没有钱的时候，马云会认认真真地考虑每一分钱的用途，有了钱之后，马云依然这样思考。在他看来，很多人犯错误不是因为没有钱，而是因为有太多的钱，不知道应该干什么。

任何一分钱都来之不易，每一分钱都应该物尽其用。只要拥有能够满足公司发展所需要的钱，这就足够了。钱太多的话，必然要牵扯一些精力去思考一些事情，而这些事情，本身就是计划外的，每花费一些精力，就会对计划内的事情产生一些相应的影响，这对公司的整体规划和发展并没有益处。

追着市场跑，注定要失败

马云语录 >>

坚持做正确的事，坚持自己的理想和使命是一定要付出巨大代价的，在任何时代都一样。

很多人认为创业就是为了赚钱，因为对于我创立阿里巴巴，大家也都是这么以为的。可是我创业不是为了赚钱，而是为了让自己以后有更多的经验教给学生。

马云常说，自己并不喜欢钱，也不在意自己有多少钱，这种观点让有些人觉得他是故作清高。实际情况是，马云创办阿里巴巴并不是为了自己赚钱，而是为中小企业找到商机。这种思路和想法是马云始终坚持的。

我们常常见到这样一种情况，一些赚钱的行业，很多人会争着抢着往里钻，但是真正进去之后才发现，由于从业人员太多，而商业资源有限，所以并不能赚到想象中的那些钱。而马云呢，在做阿里巴巴的前三年，他甚至都没挣钱，换作别人，也许早就转行了，可是马云并没有，他看中的不是一时的财富，而是关注阿里巴巴能为别人做些什么。

一次谈话节目中，有位创业嘉宾向马云提问，说："我曾经经营过一家酒店，没干一年就关门了，后来发现房地产开发很热，买房子的人很多，我就开始卖整体橱柜和卫浴，做了五年，不但没挣到钱，反而赔了。总之，倒霉的事都让我碰上了，因为现在没本钱，再也不敢盲目投资了。现在山寨手机利润还可以，开个手机店可以吗？现在新绿洲地板很有卖点，是曲线地板，我做个代理感觉还可以吧？男怕选错行，女怕嫁错郎，我到底该怎么做呢？跪求马总支着。"

马云回答说："你没有入错行，是心太花，不知道自己要什么。你永远追在市场之后，追在今天最赚钱的行业之后，看到这个行业赚钱，就跳进去了，而不是看到这个行业，你觉得这个行业我可以做得更好，有独特的方法，坚定不移地相信我能为这个行业做出独特的价值，为这个行业的客户做出独特的价值，如果你这样想，就可以坚定地走下去。

"你这样做，就像猴子掰玉米。先跟你说一个坏消息——你这样的做法肯定要失败；再说一个好消息——绝大部分的失败企业都是因为不够专注。没有信仰，没有坚信市场，看到别人赚钱就进去，很多人也都看到也都跳进去了，这个市场就变小了。如果你没有想清楚为客户创造什么独特的价值，为了什么而坚持，可以坚持多久，没有找到自己真爱的事业，还是会失败的。"

在马云看来，一个人如果只是什么赚钱就去做什么，那么他注定无法取得大的成就，因为这个人并不知道自己的目标和方向，心中没有执着的理想和追求，就很可能三天打鱼，两天晒网，对自己的事业不能付出全部身心的话，又如何奢求事业能给自己相应的回报呢？马云做事业不以赚钱为目的，他看到的是事业背后隐藏的前景和为社会做出的贡献。这种不为赚钱而赚钱的格局，使得他能够始终坚持自己的理想，最终成就了事业上的辉煌。

对于年轻人来说，人生之路还很漫长，在刚刚开始工作的时候，如果仅仅以赚钱多少来衡量自己的工作，那么很可能被金钱俘虏。一旦以多赚钱作为自己的工作目标，那么很容易出现见异思迁的情况，哪家公司给的钱多，就去哪里工作，这样很难形成固定的知识体系，最终只能掌握工作的皮毛，而无法产生深刻的认识。也许在参与工作的前几年还看不出差距，可是时间一长，差距就会显现出来。

当然，并不是说只工作就不赚钱，只是应该正确看待赚钱这件事，不要为了赚钱而赚钱，而要将格局放大一些，看到赚钱背后隐藏的东西。

帮别人赚钱，才能让自己赚钱

>> 在我看来，生意人、商人和企业家是有区别的，生意人以
钱为本，一切为了赚钱，商人有所为，而有所不为。企业
家是创造财富，为社会创造价值，影响这个社会。赚钱是
一个企业家的基本技能，而不是所有技能。

马云对阿里巴巴的定位是："阿里巴巴不是一家电子商务企业，我们是帮
别人做电子商务。我们是帮无数的想创业的、已经在创业的企业做生意而
已。"从中不难看出，马云创办阿里巴巴的目的是帮助别人创业，帮助别
人赚钱，只要别人能赚到钱，阿里巴巴也就赚到了钱。

马云不将赚钱作为人生的头等大事，也不会为了赚钱而做一些自己不想
做的事，而是始终关注中小企业，关注别人的生存环境，他知道，别人在阿
里巴巴的平台上发展起来，就能带动阿里巴巴，提升阿里巴巴的知名度，到
那时，即便自己不想赚钱，财富也会滚滚而来。

有一次，马云做客《对话》栏目，被人提问："阿里巴巴是不是有点一花
独放不是春，阿里系很好，但是整个电子商务领域业态是不是健康？马总怎

么看，阿里巴巴赚钱了，大家都亏了？"

马云这样回答："这个问题问得挺好，我并不是觉得我是狮子，我也做不了狮子。但是我和狮子、羚羊的区别就是生态。狮子吃羚羊不是恨它，700万卖家这些年轻的企业，这些年轻人对未来的渴望和希望，对自己的梦想的实现，这股力量是对传统的冲击，这是具有狮子一样的雄心。就像十年前的我，我是绝对没想到有一天这个火点燃会那么厉害。

"至于电子商务都一花独放了，我自己觉得我们也没一花独放，我从1995年开始做，到1999年重新开始做阿里巴巴，1999年到现在快14年了，我们付的学费是无数的企业不可想象的。所以我们其实是坚持了下来，一个今天出来的大部分的电子商务企业，也就两三年时间。你希望能够那么多盛开的花，可能没有。

"第二看见有人，也是王健林说的，全中国4800家电子商务企业，4799家企业都亏，只有淘宝赚。我也不知道4800家企业这个数字从哪里来，第一绝对不止4800家企业，第二在淘宝上面的电子商业企业活得非常好。

"今天我们电子商务绝大部分活得不好的企业，说实话他们诞生这一刻我就知道他们已经输了，他们生活在传统想象中的电子商务。传统想象的B2C，争取把线下的东西搬到网上卖，认为这就是电子商务。这样的企业就该死，因为他们还是生活在昨天。所以我觉得让这些企业倒下去的不是技术问题，不是模式问题，而是思想观念问题。

"我觉得我讲话比较直截了当一点，因为这些企业该死，他们没有看清楚，只是一个概念，告诉别人我是电子商务。其实看十年来阿里讲话里面的很多东西，我并没有贴上一个标签，电子商务、互联网，我们只是做一个更加合理的营销方式，更加合理的能够影响生产制造，更加合理、公平、公正、公开的一个商业环境。阿里是一个平台、生态系统，模仿我们是很累的，因为我们做了13年多了，建这么一个平台的生态系统很累，但是有的人在平台和电子商务之间不断地摇摆的时候，一定要死。第二要真正做电子商务过程当中，我们把网商和电子商务要分清楚，阿里巴巴不是一家电子商务企业，我们是帮别人做电子商务。我们是帮无数的想创业的、已经在创业的企业做生意而已，所以这是之间的区别。"

在马云看来，阿里巴巴和其他的电子商务企业有着本质的区别，他们并不关注电子商务，而是致力于建立一个平台，帮助其他的电子商务公司做生意赚钱。事实上，马云确实也做到了这一点，这让很多企业对马云深表感激。

马云说过这样一件事："有一次我在餐馆吃饭，结账的时候发现账单已经付过了。服务生指着远方的一个人：'他已经帮你结账了。'他还给我一张结账者留给我的字条，上面写着：非常感谢阿里巴巴，我凭借这个平台赚了很多钱，但我知道你没赚什么钱，所以这顿饭还是我请吧！"

马云对于赚钱的态度，是先帮别人赚钱，再为自己赚钱，事实证明，他的这种想法是十分正确的，当他一心一意为别人服务时，别人对他自然就有了更多的认同和信任，这让他的生意越做越大，阿里巴巴越做越出名。

每个人都需要钱来养活自己，需要钱来满足一些需求，但是，如果眼睛里只盯着钱，而不去顾及别人的事情，那么可能会在某个阶段赚到一些钱，但是想要长期赚钱，想要赚取更多的财富，就要有与众不同的财富格局：先帮别人赚钱，自己能赚更多钱。

合伙做生意，有钱大家赚

在马云的商业生涯中，曾经参与了很多次十分重要的商业谈判。谈判代表都极力为自己的公司争取更多的利益，所以出现矛盾甚至僵局都是十分正常的现象。这种时候，最应该做的就是迅速打破僵局，以促使谈判继续进行下去。马云在这方面的表现十分突出，总能让僵局变活，就是因为他懂得主动让步，有钱让大家一起赚。

2003年2月，马云和孙正义在进军C2C市场这个问题上形成了高度的统一认识，阿里巴巴第四次融资的趋势已经难以逆转。双方关注的焦点在于，孙正义需要投资多少以及应该占有多少股份。

2003年7月，孙正义通过电话向马云表达了再次注资的意向，双方商定几天后在日本东京进行磋商。于是，马云和蔡崇信立刻起身前往东京。在马云和孙正义定下基本的框架之后，蔡崇信与孙正义及其助手开始了正式谈判。

然而，谈判过程并不像大家想象的那样顺利，双方的交锋非常激烈，谈判进行得十分艰苦。双方的分歧主要体现在两个方面：一是孙正义再次注资后能不能控股，二是阿里巴巴的员工能不能持股。

围绕这两个争议点，双方陷入了僵局，谈判很久之后依然无法达成一致。这让双方都感觉身心俱疲。在一次谈判休息期间，马云到卫生间去了一趟，孙正义也紧跟马云进去，两个人互相看着对方，片刻之后，马云忽然提出了一个折中的方案："我觉得8200万美元是个合适的数字，你觉得怎么样？"孙正义稍微思考了一下，很爽快地同意了："好，那就这么定下来。"

马云和孙正义去卫生间之前，还显得有些焦虑和紧张，可是等他们从卫生间回到谈判桌前时，两个人已经笑容满面了。他们非常高兴地告诉在场的人说，问题已经解决了。

对于这一协议的达成，马云后来说："这是平衡的结果，投资者和我们都做了妥协。"

2004年2月，软银与富达投资、华盈创投等机构联合向阿里巴巴投资8200万美元，他们所占股份增至接近30%，但是并没有达到相对控股，相对控股的依然是包括管理层在内的阿里巴巴员工股。

在谈判陷入僵局的时候，马云的主动让步有些出乎孙正义的预料，而在马云看来，想要达成协议，必须有所妥协，毕竟，孙正义投资是为了赚钱，而自己也需要这笔资金去发展阿里巴巴。可以说，在这次谈判中，双方都有自己的诉求，只有各取所需，达到平衡，才是对双方都有益处的选择。马云抓住了"有钱大家赚"这个关键点，主动提出一个折中方案，才让双方达成了重要的协议。

不仅看重钱，也看重钱背后的东西

马云语录 >>
> 大势好未必你好，大势不好未必你不好。
>
> 如果一个企业脑子，我说你这个脑子里想的是钱，这个是
> 人民币，这个是美元，张嘴就是港币，人家不愿意跟你这
> 样的人交朋友，做不好事，员工也看不起你，对吧，谈钱
> 太庸俗。

　　在一个公司刚刚成立不久，需要寻找资金谋求更大发展的时候，很多人会将资金视作最重要的东西，而忽视了投资方的情况。他们认为，只要有钱，什么都好说，只要给钱，那就来者不拒。殊不知，这种对待投资的方式，往往只能在短期内得到发展，而长期来看，并没有很大的发展机会和空间。

　　在这一点上，马云有不一样的视角。他觉得金钱以外的东西，比如投资方的背景、实力等，也需要进行细致的考量。基于这一点，马云对自己的投资商有着较高的要求。对此，马云说："我并不看重钱，我看重钱背后的，我看重这个风险资金能够给我们带来除了钱以外的东西，这是我最关注的。而且风险投资到底能够帮助我什么，它是不是有这样的能力，是不是有这样的

人专门为我们服务，这个我很关心。所以我挑剔风险资金的程度绝对不亚于风险资金挑剔项目，我可能比它们还过分一点。"

马云是这样说的，也是这样做的，所以他对每一个投资都进行严格的考察和筛选，即便在公司极度缺钱的情况下，他依然先后拒绝了38家风险投资商，这也在业内成为一段佳话。

对于合作伙伴和投资者，马云有自己的独特认知，他说："我的合作者还挺不错的，像孙正义。软银的孙正义，他是一个我非常敬佩的人，我跟他谈判6分钟就可以解决所有的问题，我们第一次谈判，6分钟就解决了2000万美元的投资。前几天我们更神奇了，因为有时候，人与人之间这种化学反应，让很多人认为我们两个是疯子。"

有人想知道能在如此短时间内达成协议的原因，马云回答说："我也不知道，以后要问问他了，反正我们两个挺逗的。上个月我在东京也是跟他一起，他说我相信你，我说我也相信你，所以在我最倒霉的时候，你没来责怪我，因为你有太多事情要责怪，所以来不及责怪我。"

而在谈到选择孙正义的原因时，马云说："有一点，我们两个都想做真正有意义的大事情。就是很多人可能讲我想赚钱，而我觉得我想做的是一个这么庞大的计划，要80年的企业，做世界十大网站之一。我记录了这几年所做的事情，他觉得这个人的心特大，而且这些股东全是世界一流的。我在全世界选择股东，日本选的孙正义，美国选的高盛，欧洲我选择Investor AB，像ABB、爱立信，都是他们控股的家族企业。

"在亚洲选的，我不仅要人家的钱还要人家的人，因为我觉得孙正义的钱，跟其他钱不一样，我要的是背后他能够给我带来什么，给我哪些支持。"

对于马云来说，投资者的钱确实很重要，但是钱背后的东西更加重要，在创建阿里巴巴的最初阶段，马云连工资都发不出来，可他依然以较高的标准来衡量和选择投资商，这让很多人难以理解，也让很多投资商认定马云不可避免地将要遭受失败。可是马云并不为金钱所动，也不以金钱的多少对投资商进行取舍。事实证明，马云当初的决定是正确的，他选择的投资商和股东，都为阿里巴巴的迅猛发展提出了应有的帮助。

在为阿里巴巴寻找投资商的过程中，马云深有体会："找投资者的过程比找老婆还难，一定要小心，不要光找漂亮的，关键是她要跟你同甘共苦，在最困难的时候她说我跟你一起奋斗，这是最最重要的。"

马云的体会，相信很多人都没有过，因为许多人在选择投资商的时候，只看重钱，而没有想到投资商对公司的长期发展会有怎样的帮助。很多事例已经证明，这是一种短视的行为，对公司未来的发展并没有什么好处。

我们需要的不是赌徒，而是战略投资者

马云语录 >> 创业首先是去做，想多了没用，光想不做那是乌托邦。
因为我今天花的钱是风险投资商的钱，我必须对他们负责，我知道花别人的钱要比花自己的钱更加痛苦，所以我要一点一滴地把事情做好，这是最重要的。

　　对于任何一个企业家来说，选择风险投资和投资人的时候都要慎之又慎，毕竟这会关系到公司今后的发展。一旦选择了一些唯利是图的投机者，那么会给公司的发展埋下不小的隐患。毕竟，投机性的投资商只看重个人利益，一旦发现资金有风险，很可能立刻选择"套现"，而不会与公司同甘共苦，这样的人，无疑会给公司带来巨大的伤害。

　　投资本身就是一个双向选择的结果，很多人或许觉得自己已经走投无路，无论什么样的投资商都只能默默接受，可是他们没有想过，一旦接受了这样的投资，整个公司都可能走向万劫不复的深渊。马云深知，即便是一家运营良好的公司，也可能因为投资商的行为而受到影响，所以在选择投资商的时候，他会尽量避免犯下这样的错误。

湖畔花园创业四五个月之后，创业伙伴共同筹措的50万元资金已经所剩无几。阿里巴巴能否继续生存下去，关键在于能否迅速找到投资商。

到1997年7月，马云甚至已经没有钱给员工们发工资了。但是，即便如此窘迫，马云也没有盲目地接受投资商投来的钱。由于没钱发工资，马云说："没钱下个月不发工资，作为股本增资。钱是会有的，是我们要不要的问题。"

阿里巴巴生存最为艰难的时候，马云为了获得投资而四处游说，阿里巴巴的员工也会经常接到投资者打来的电话。

浙江的一家民营企业的老板，曾经寻求过和马云的合作。见到马云的时候，那位老板直截了当地提出了合作要求："我给你100万，你每年要给我10%的利润，也就是说，明年你要还我110万。"

对于这种风险投资，马云是不会接受的，于是他回应说："您真是比银行还黑！"之后就终止了合作意向。

1999年的一天，马云接到一个电话，简单交谈之后，马云便带上当时的财务主管彭蕾一起出去。到了外面彭蕾才知道，马云是要带着她一起去和投资人见面。

到了投资人入住的酒店，简单寒暄之后，双方便进入了谈判正题。经过沟通之后，彭蕾认为对方提出的条件还算不错，可以接受。更何况阿里巴巴当时已经没有钱了，这笔投资是非常具有诱惑力的。可是，马云对于对方提出的股份分配比例并不满意，于是，他对对方说："我们要出去走走。"

马云和彭蕾走出酒店，在楼下的人行道上走了一阵，回去之后，马云对对方说："我们认为阿里巴巴的总价值就是我刚才谈的那个，你们的看法和我们的差距太大，所以看起来我们没有办法合作。"

就这样，马云拒绝了对方的投资，而对方则十分遗憾地说："你们错过了一个机会。"

在一般人看来，一个连工资都发不出来的老板，是没有资格挑三拣四的，有人愿意投资就该欣然接受，像马云这样做，很可能伤害投资者的热情，使得自己无法获得应有的投资。但是，马云对此有自己的看法："我们需要的不是风险投资，不是赌徒，而是策略投资者，他们应该对我们有长远的信心，20年、30年都不会去卖。两三年后就想套现获利的，那是投机者，我是不敢拿这种钱的。"马云说不敢拿，并不是害怕，而是担心这样的投资对公司的长远发展产生不良影响。可以说，马云对财富的认知超出常人很多，这让他能在一个较高的层面上去看待问题。

从马云的经历来看，严格筛选投资者并不是一件坏事，即便公司到了山穷水尽的地步，也不能盲目地寻找和接受投资。要知道，做公司并不是一朝一夕的事情，即便初次创业失败，也可以重新来过，一旦因为不良投资而损害声誉，那就得不偿失了。

上市套现不是阿里巴巴的目的

中国的互联网企业，走的基本都是同一条路线，那就是吸纳风险金→上
市→圈钱→分红。但是，对于马云来说，这一套东西并不适用。马云从不为
了上市而上市，而是坚持顺其自然，因为"阿里巴巴希望持续经营，上市套
现不是阿里巴巴的目的"。

马云当然也渴望资金的注入，但他并不会被资金蒙蔽眼睛，对于阿里巴
巴的发展，他有着长期的规划。上市是马云长期规划中的一部分，只有在适
当的时候，他才会推动这项工作。

阿里巴巴创立之初，马云就曾说过"阿里巴巴要在三年内冲到纳斯达
克"。但是，到了2000年底，在许多互联网公司争先恐后地去纳斯达克上市
时，马云却宣布阿里巴巴短期内不会上市。之所以做出这样的决定，是因为

"上市并不是终极目标，在网站未有盈利收入前，阿里巴巴网站不打算上市"。

对于马云的这个决定，很多人认为是阿里巴巴资金短缺造成的。对于这种猜测，马云予以了坚决的否认，他承认阿里巴巴遇到了一些资金困难，但是不上市的决定和钱无关。"我说了很多次，如果大家依然不相信阿里巴巴的财务数据是真实的，我也没有必要再解释什么。想把企业做多大，希望企业往哪里走，企业怎么样会更好，每个人的选择是不一样的。有人觉得上市圈到钱就行了，而阿里巴巴希望成为世界十大网站之一，希望影响互联网。"他还补充说，"阿里巴巴一定会上市，只是时间问题，现在条件还不成熟，也没有上市的必要。"

2003年，马云再次被问到阿里巴巴上市的问题，他说道："每个人都在问我上市的事情，我最后重申一次，我现在不想上市，我本人希望早些上市，但阿里巴巴太年轻了，公司创建才四年，员工的平均年龄才27岁，内功还不够好。但我不是说绝对不会上市。我的逻辑是，如果今年上市只能支撑10元的股价，而三年后可以达到30元，那为什么不等到三年后呢？"

马云还说："阿里巴巴现在赢利非常好。公司就像结婚一样，好不容易有了好日子，生个孩子又苦了。所以我们打算结婚后过几天好日子。今天我觉得我们的内功还有待加强。我向往着上市，并没有不屑一顾。"

2004年，阿里巴巴已经成为国内业界龙头企业，还获得了软银再次注资的8200万美元，人们认为这下阿里巴巴有足够的上市资本了。但是，马云依然认为阿里巴巴上市的时机还没到来。他觉得，阿里巴巴当时最重要的任务是变得更加完善，把客户服务做得更好。他说："对眼下的阿里巴巴而言，做大做强比上市更迫切，与其迫于竞争压力和舆论压力被动上市，不如不上市。"

2005年，阿里巴巴收购雅虎中国的举动引起了人们的关注，关于阿里巴巴上市的事情又一次被提及。对此，马云说："我们要做一家102年的公司，而现在我们才走了6年，公司还很年轻，如果贸然上市，很可能会因为'年轻'而付出不小的代价……我们希望，等到阿里巴巴足够成熟，可以领导投资者之后，再去认真考虑上市的问题。"

直到2007年，随着阿里巴巴、淘宝、支付宝的市场占有率越来越高，马云终于决定上市，以期获得电子商务的长远发展。

从1999年创立阿里巴巴，到2007年启动阿里巴巴上市工作，在这段时间里，马云其实有很多次机会去做这件事，可是马云都主动放弃了。在其他公司纷纷涌向资本市场的时候，马云依然保持着清晰的头脑，他不是不愿上市，而是在等待更合适的时机。

对于阿里巴巴上市所经过的漫长历程，马云说："普通人觉得上市有现金、有股票就是成功。经营企业最重要的是一个过程，是一个经历，爬上掉下、掉下爬上的人很多。对我来说过程的味道更重要，即便比张朝阳再早上市也没有意义，也许我的痛苦他们没经历过，但他们的好处我还没尝到。我觉得一个企业最重要的是耐得住寂寞、挡得住诱惑。第二拨上市容易，第三拨更容易。"

马云想做的是一家102年的公司，想对互联网产生影响，所以说，上市、圈钱都不是他首先考虑的问题，正是这种财富格局，使得马云并不急于上市，而是一直等待合适的时机。对财富的不同认识，让马云有了与众不同的选择，无论外界如何期待，他始终按照自己的计划去做事。

对于年轻人来说，博大的财富格局对一生都将产生深远的影响，不为市场所迫，不因别人而改变，这种对财富的观念，会让人得到比预想中更多的财富。

第十一章

管理格局：上乘管理智慧，
成就非凡人生

马云说："一个优秀的CEO也必须是个优秀的管理者，要多注重细节，从细节管理你的团队，你的团队才会有机会发展。"作为公司的管理者，要比员工有更加广阔的视野，更加理性的待人方式，更加优秀的表达能力……一个优秀的管理者，不仅能将员工紧密团结在一起，让所有的人都为公司的目标做出最大的努力，为实现公司的愿景贡献自己的一份力量，而且能够发现每个人的潜在能力，帮助员工变成更好的自己。

做领导，万不可事事亲力亲为

马云语录
>>
领导永远不要跟下属比技能，下属肯定比你强。如果不比你强，说明你请错人了。

如果你有一个梦想，你是不是在坚持，是不是在行动。如果你有一个理想，你是不是一批人一起去做。如果一个人其实是很累的。创业不是你的事情，创业是一批人的事情。

从马云所取得的成就来看，他无疑是一个成功的商人；从阿里巴巴的良好运营来说，马云又是一个成功的管理者。在管理公司方面，马云有很多与众不同的想法，随着这些想法的一一落地，阿里巴巴也不断走向一个又一个高峰。

马云不止一次地说过，他很喜欢西天取经的唐僧团队，那是他心目中最好的团队组合方式。在这个团队中，每个人都各司其职，做好自己的分内工作。几个人的力量组合在一起，就能发挥最大的能效。

在一个团队中，领导的主要职责应该是做一些制定战略规划等宏观上的事情，如果领导所有的事情都要去做，都要亲力亲为，那么这个团队必然会是一盘散沙。

马云曾作为评委参与到《赢在中国》节目中，有一位郑女士在节目中分享了自己的创业故事。

20世纪90年代，郑女士曾先后在知名白酒公司和保健品公司做过销售工作，那期间，她曾创下一项惊人的纪录，那就是在一年之内将一种保健品的销售额从500万提高到1个亿。1994年，郑女士开始涉足红酒行业，也是做销售代理。销售巅峰时，郑女士代理的所有红酒品牌年销售额接近4000万元，年利润能达到400万元。

2000年，郑女士停下所有的品牌代理工作，在苏州注册了自己的葡萄酒厂，开始了艰难的创业之旅。郑女士公司的组织结构并不复杂，最高层是董事会和CEO，下面是酒厂和三家销售公司。

2001年初，郑女士的酒厂正式开始运营，第一批红酒的销售利润就达到了400多万元。郑女士没有想到，自己很快就陷入了人员流失和资金耗空的困境。之前有过合作的公司从郑女士的公司挖人，一大批中层管理人员被高薪诱惑，选择跳槽；公司的快速扩张消耗了大量资金，而郑女士之前常常成功借用资金的那家国企突然不再提供帮助。紧接着，供应商也对郑女士失去信心，要求她提前付款。银行发现郑女士公司的处境之后，也不愿意再贷款给她。郑女士猛然发现，自己一下陷入了四面楚歌的境地。

对于郑女士的失败经历，马云给出了这样的评价："我觉得造成这个困境的原因，是因为郑女士以前是个成功的销售，我们一些创业者是一个成功的销售出身，或者是一个技术出身。另外，她犯了一个错误，上来以后就去做财务，她觉得她有销售技能，她管好财务基本就解决了一大半问题。但CEO最重要的任务就是制定战略，制定战略有两个核心的东西，一个是人，一个是财，人是最关键的。

"在整个创业过程中团队最重要，有了团队就可能管好钱、规划好产品，而她只抓住了钱，财聚人散，问题就大了。所以CEO的艺术就在于人、财、物三者之间寻求平衡。

"另外，要开诚布公地沟通，跟你的团队沟通。我觉得对于郑女士来说，在重建自己团队的时候，要彻底、干净地把所有情况分享给大家，承认自己的错误，同时要跟大家一起来探讨下面怎么做，我觉得该留下的会留下，该走的也就让他走。"

在马云看来，郑女士失败的主要原因，是她"上来以后就去做财务"，一个公司的CEO，不做自己最应该做的事情，反而去做一些分外的工作，这显然与"不在其位，不谋其政"的说法相悖。在马云的团队里，每个人都有自己的职责，做好分内之事，是每个人最重要且首先应该去做的事情。

作为管理者，要有自己的管理格局，要有自己的管理方法。领导的职责，是安排好每一位员工的工作，让每一位员工明白自己的职责所在，再通过相应的激励，让每个人都能发挥最大的能力，为团队贡献最大的力量。作为领导，应该比员工更加清楚自己的职责，想要事事亲力亲为，反而对公司的管理不利。

一个好故事，胜过一堆大道理

马云语录 >>

坚持做正确的事，坚持自己的理想和使命是一定要付出巨
大代价的，在任何时代都一样。
伟人之所以伟大，是因为他与别人共处逆境时，别人失去
了信心，他却下决心实现自己的目标。

　　相信很多人都有过这样的感受，在听完一个非常励志的故事之后，常常
会生出些许激动之情，心中暗暗发誓也要做一个像故事主人公一样的人。人
们喜欢听故事，希望能从故事中得到一些激励或启示。所以说，作为一个团
队的领导者，非常需要具备优秀的讲故事能力，并能借助这一方法有效地激
励员工，阐明观点。

　　在现实生活中，很多管理者为了激励员工努力工作，尝试了很多办法，
如演讲、说服教育、案例、PPT等，但效果并不明显。后来，管理者发现，一
个绘声绘色的故事往往可以起到更好的激励作用。马云就是一个擅长讲故事
的人，他总能用各种故事吸引员工的注意力，激发起员工的工作热情，并让
员工得到一些有益的启示。

2011年7月5日，马云在淘宝全员沟通会上讲了这样一个故事："当年拳王阿里打遍美国南部无对手，相当厉害，他成为美国南部冠军，也成为历史上有名的黑人冠军。与此同时，美国北部有一个白人拳击手叫Joe Carmen（音），也打遍北部无对手。两个人决定打一场大仗，在美国拳台史上代表南方和北方，代表白人和黑人而战。

"第一场拳仗白人赢了，第二场阿里赢了，两场都是侥幸。第三场就成了决定胜负的至关重要的一场。第三场，前面八个回合，阿里打得筋疲力尽，以为自己要死了，到第九回合的时候，阿里说打死也不打了，Joe也说打不动了，谁都不肯上去，最后在劝说下两人又打一下。

"这回合结束后，阿里说我输了，不打了，Joe也说不打了，就算赢也不上去了。在关键时刻，阿里跟教练说把白毛巾扔出去，我们投降吧，教练刚刚要扔白毛巾的时候，那个Joe的教练提前一秒钟把白毛巾扔到外面，这样阿里取胜。"

马云讲这个故事，是想让员工知道，在遇到困难的时候，一定要告诉自己，对手的情况也好不到哪里去，只要自己能比对手多坚持一秒钟，那最终的胜利很可能就是属于自己的。如今，很多人都知道拳王阿里，但是对Joe Carmen并没有什么印象，之所以产生如此大的差距，实际上最初只是差了一秒钟而已。

谈到某个话题的时候，马云会用故事进行阐述，而不是空讲一大套的道理。故事的语言比较生动，听起来不会觉得枯燥，所以表达效果也会更好一些。

马云是个有故事的人，也是一个善于讲故事的人。作为领导，应该学习马云的这种能力，通过故事去激发员工的热情，让员工在津津有味的故事中得到教育和启迪。

做一个唐僧似的好领导

当你有一个傻瓜时，很傻的，你会很痛苦；你有五十个傻瓜是最幸福的，吃饭、睡觉、上厕所排着队去的；你有一个聪明人时很带劲，你有五十个聪明人实际上是最痛苦的，谁都不服谁。我在公司里的作用就像水泥，把许多优秀的人才黏合起来，使他们力气往一个地方使。

在很多人眼中，刘备、关羽、张飞、诸葛亮和赵云组成的团队是非常出色的。在这个团队中，有出谋划策的谋士，有能征善战的将领，还有一位知人善用、亲和力强的领导，各种因素综合起来，这个团队简直数千年才能出现一次，所以令人向往和羡慕也就不足为奇了。

然而，在马云眼中，最优秀的团队并不是这个，而是《西游记》中的取经团队。

谈到团队管理的时候，马云曾数次用唐僧团队来做比喻："我们认为世界上最好的团队是唐僧团队。唐僧是领导，也是最无为的一个，唐僧迂腐得只知道"获取真经"才是最后的目的，孙悟空脾气暴躁却有通天的本领，猪八戒好吃懒做但情趣多多，沙和尚中庸但是任劳任怨挑着担子。这样的团队无疑比'一个唐僧三个孙悟空'的团队更能够精诚合作、同舟共济。

"唐僧虽然没有什么特别的本事，但是意志异常地坚定，有很强的使命感。他要去西天取经，谁都改变不了他的想法，一定要取到真经才肯罢休。不该做的事情，他一定不会去做的。

"孙悟空能力很强，但经常犯错误。这种人每个单位都有，对不对？都是孙悟空的公司没法干了，没有孙悟空的公司也没法干。

"猪八戒好吃懒做，但是他特幽默，团队需要这样的人。据说他是最理想的丈夫，其实他才华横溢，与他的长相成反比。

"沙和尚最勤恳，他说你不要跟我讲理想，讲奋斗目标，我每天上八个小时的班，早上到，晚上回去。这样的人，也少不了。

"一个企业里不可能全是孙悟空，也不能都是猪八戒，更不能都是沙和尚。要是公司里的员工都像我这么能说，而且光说不干活，会非常可怕。"

"这四个人，经过九九八十一个磨难，最后到西天取到真经，这种团队到处都是。每个人都有自己的个性，关键是领导者，如何让这个团队发挥作用，凝聚在一起，这才真正算是'唐僧式'的好团队。有了猪八戒才有了乐趣，有了沙和尚就有人担担子，有了孙悟空才能斩妖除魔。少了谁也不可以，这就是团队精神。关键时也会吵架，但价值观不变。我们要把公司做大、做好。阿里巴巴就是这样的团队，在互联网低潮的时候，所有的人都往外跑，但我们的流失率是最低的。"

唐僧团队能够取到真经的关键原因，就在于这个团队的几个成员目标一致而且优势互补。在这个团队中，每个人都能最大限度地发挥自己的优势，所以逐渐形成了一个越来越团结、越来越强大的团队。阿里巴巴能够取得如今这样的成就，也是因为马云掌握了这样的诀窍，建立起一个团结互助、各司其职的优秀团队。公司的成员也许不是行业的顶尖人才，但是将他们组合在一起，却能发挥最大的优势，产生最大的合力。

一个团队是否能够取得成功，与领导者的管理方式有着密切的关系。团队中的每一个人都有自己的优势和特长，如果不能将他们完美地融合在一起，那就无法形成合力，呈现出的就是一盘散沙。这样的情况下，想要取得成功自然是十分困难的。在阿里巴巴这个团队中，马云一直致力于发挥表率作用，尽管他对销售和技术都不是十分精通，但是他能用自己的方式将团队中所有人团结成一个不可分割的整体，让所有的人都能向着同一个方向努力，这就是马云最大的成功。

赞美，让员工甘愿肝脑涂地

> **马云语录**
> >> 做任何事，必须要有突破，没有突破，就等于没做。
> 阿里需要的不是抱怨，阿里需要的是理解、支持、建议和
> 帮助！阿里更需要的是每一个人的点滴努力去完善我们的
> 大家庭！

常言道："良言一句三冬暖，恶语伤人六月寒。"一句良言，就能让人感受到春天般的温暖；一句赞美，更会让人心生愉悦，主动敞开心灵的大门。赞美的作用大抵如此，连莎士比亚都说："我们得到的赞扬就是我们的工薪。"作为一名优秀的管理者，理应掌握赞美的技巧，用赞美让员工心甘情愿地努力工作。

对自己的员工，马云总会不吝赞美之词，他常说："永远要相信边上的人比你聪明。"员工听到这样的称赞，自然会心情愉快地投入工作之中。有了愉悦的心情，工作氛围会变得融洽，工作效率会得到提升，最终受益的，将是公司和所有的员工。

2007年的互联网年会上，马云对淘宝的用户表达了自己的感激之情，他

说："淘宝的成长与无数小网站及淘宝的卖家们是分不开的。"马云坦言，在淘宝刚刚起步的时候，要与eBay进行竞争，对方想将淘宝扼杀在摇篮之中，于是通过排他协议阻止淘宝在门户网站投放广告，为了生存，淘宝只能另辟蹊径。其中十分重要的一环就是"互联网的农村"，也就是在中小网站投放广告。马云说："淘宝有今天，不能忘记当年在井冈山和延安帮助过我们的老乡，是他们给我们的支持，才让我们有了今天。"

此外，马云还赞扬了雅虎中国的搜索团队为阿里妈妈的成功做出的巨大贡献，他说："我永远忘不了当初雅虎为支持阿里妈妈而专门派往杭州的那些精英团队，可以说，阿里妈妈的后台系统和研发，他们是最早参与其中，并起到极大作用的。作为一个面向中小企业的开放透明式网络广告平台，其投放广告精准匹配程度是核心价值所在，也是广告主最关心的问题，而这个问题的最佳技术解决手段，自然是搜索。因此，当初的雅虎支持团队，确实是帮了阿里妈妈的大忙。"

对于自己的员工，马云会用由衷的赞美来表现自己的感激，让员工知道，他们为公司做出的贡献，马云全都看在眼里，记在心里。这是马云管理智慧的体现，是马云能够赢得人心的重要原因之一。

马克·吐温说："靠一句美好的赞扬，我们能活上两个月。"赞美就像花香一样沁人心脾，不吝于赞美别人的领导，总能得到员工的拥护和爱戴。马云之所以能成为一个令人信服的管理者，他通过赞美来激励员工的方式在其中起到了重要作用。

巧妙的赞美能够叩开对方的心门，但是赞美也要把握好其中的度，只有恰到好处的赞美，才能让人感觉舒适，才能达到赞美的目的。在管理工作中，适当和巧妙的赞美往往可以起到出人意料的效果，能让员工心甘情愿且乐此不疲地投入工作之中。

在日常交流中，我们同样需要赞美的力量。通过真心的赞美，我们可以增加与人沟通的机会，可以赢得对方更多的认可。当然，赞美并不等同于奉承，赞美是符合客观事实的，是发自内心深处的，而奉承则是夸大其词，给人一种假惺惺的感觉。所以说，少些奉承，多些赞美，才能真正达到交流的目的。

淘宝的成功，是所有阿里人的功劳

马云语录 >>

不要怕对手比你有条件，比你强大，如果你是全世界最想做成这件事的人，你就有机会赢。

创立阿里巴巴七八年以来我们都是一路挫折走过来，没有辉煌的过去可谈，每一天每一个步骤，每一个决定都是很艰难的。

身为公司的领导，马云从不高高在上，无论遭受失败，还是赢得荣誉，马云都和自己的员工一起承受。有时候甚至是失败自己扛，荣誉别人享。

有些人或许觉得有些不可思议，作为公司的一把手，马云对员工应该是"招之即来，挥之即去"的。没想到，马云是一个如此平和、低调，又懂得分享的人。马云深知，靠自己一个人是无法完成任何任务，做成任何事情的，他能做出如此成就，都是因为身边有人帮助。

2013年5月10日，就在淘宝成立十周年的晚会上，马云卸任了阿里巴巴CEO的职位，并发表了精彩的演讲，在演讲中他说道："今天是一个非常特别的日子，当然对我来讲，我期待这一天很多年了，最近一直在想，在这个会上，跟所有的同事、朋友、网商，所有的合作伙伴，我应该说些什么？大家很奇怪，就像姑娘盼着结婚，新娘子到了结婚这一天，除了会傻笑，真的不知道该干什么。

"我们是非常幸运的人，我其实在想十年前的今天，是'非典'在中国最危险的时候，所有人都没有信心，大家不看好未来，阿里人十几个年轻人一起我们相信十年以后的中国会更好，十年以后，电子商务会在中国受更多人的关注，很多人会用。

"但我真没想到，十年以后，我们变成了今天这个样子。这十年无数的人为此付出了巨大的代价，为了一个理想，为了一个坚持，走了十年。我一直在想，即使把今年阿里巴巴集团99%的东西拿掉，我们还是值得的，今生无悔，更何况我们今天有了那么多的朋友，那么多相信的人，那么多坚持的人。"

"今天的世界，是一个变化的世界。三十年以前，我们谁都没想到今天会这样，谁都没想到中国会成为制造业大国，谁都没想到，电脑会深入人心，谁都没想到互联网在中国会发展得那么好。谁都没有想到，淘宝会起来，谁都没想到雅虎会有今天。这是一个变化的世界，我们谁都没想到，我们今天可以聚在这里，继续畅想未来。"

"参与阿里巴巴的建设14年，我荣幸我是一个商人，今天人类已经进入了商业社会，但是很遗憾，这个世界商人没有得到他们应该得到的尊重，商人在这个时代已经不是唯利是图的时代，我想我们跟任何一个职业，任何一个艺术家、教育家、政治家一样，我们在尽自己最大的努力，去完善这个社会。14年的从商，让我懂得了人生，让我懂得了什么是艰苦，什么是坚持，什么是责任，什么是别人成功了，才是自己的成功。我们最期待的是员工的微笑。"

对于自己的成功，马云从不贪功，他将淘宝的成功归结为所有阿里人的坚持、努力和责任。马云的话平淡无奇，但是非常深入人心。这是因为马云总将功劳记在别人的头上，员工、朋友、网商、合作伙伴等，只要和自己有过交集的人，马云都记在心里，深表感谢。一些人会觉得，马云说的只是一些场面话，但是，了解马云的人都知道，他是一个懂得感恩的人。马云曾不止一次地说过："从第一天起到现在，阿里巴巴一直充满了感恩之情，要感谢的人非常多。"

很多年轻的管理者，由于涉世未深，所以在取得成功之后难免有些居功自傲，这让他身边的人深感不满。要知道，每一个人的成功都离不开别人的帮助和支持，获得成功之后，应该对那些曾给予自己帮助的人表示深深的感谢，这是对他们的尊重和感恩，也是一个管理者应有的气度和格局。

描绘美好愿景，员工自然卖力工作

> **马云语录**
> >>
> 员工的离职原因林林总总，只有两点最真实：1. 钱没给到位；2. 心受委屈了。这些归根到底就一条：干得不爽。员工临走还费尽心思找靠谱的理由，就是给你留面子，不想说穿你的管理有多烂，他对你已失望透顶。仔细想想，真是人性本善。作为管理者，一定要乐于反省。

马云对未来的预见性总是异于常人，他能看到很多别人看不到的机会和前景，正因如此，他的许多说法和做法总是让人觉得难以理解和接受。在创业初期，有些人甚至觉得马云是在"忽悠"和"吹牛"，他不仅欺骗客户，也在蒙蔽自己的员工。

马云的一些说法确实让人觉得匪夷所思，但是后来发生的事实说明，他并不是胡思乱想，妄加推测。孙正义曾经说过："马云是唯一一个十年前对我这样说，十年后依然对我这样说的人。"十年不变的追求，不仅说明马云执着，也说明他在十年之前就已经预计到了十年之后的状况。不得不说，马云对未来有着长远而美好的规划，这些美好的愿景，恰恰是马云能够建立一个优秀团队的精神支撑。

马云在某个节目的录制过程中，有位大学生提问："您十年前有您的设想，用电商改变整个中国人的生活，从我们一般人来看，三个字可以形容：假、大、空。您当时，用我的感觉来说，也是在用假、大、空来跟您的员工在沟通，跟您的十七罗汉在沟通，但是为什么您能将那十七罗汉变成十八罗汉，然后一直在让淘宝在前行？"

马云回答说："你认为是假、大、空，我从来就没认为过。有人说马云你的讲话我们很喜欢，什么原因你特别能讲话，你是不是当过老师？你们这儿举举手，有多少老师你们是真正喜欢听他课的。估计不多，我估计绝大部分人觉得，我以前当老师时总是提前五分钟下课，大家都很高兴喜欢我，是不是？不是把教材的东西都讲完了，学生就喜欢你的，知识是用来唤醒智慧的。

"我跟我同事讲话的时候，是希望唤醒他们心中的一种共鸣。我讲的也许是错的，但是我相信我在讲的话，很多人演讲的话全是对的，但是他自己不相信。忽悠和不忽悠的区别是什么？忽悠是自己不相信，让人家相信，真实是我相信，你们相不相信？我知道你们慢慢会相信的，这是区别。我从来没想过假、大、空，假如是假、大、空，我的员工不是最出色的精英，但他们绝不傻。三个月就觉得不靠谱，跑得比你还快。所以我觉得十年以前到今天，我还是这么在讲话，说明没那么假，也不空。

"只是我们看到的是愿景，我是为未来工作，我绝不为今天工作。如果你们创业者要想走这条路，所有在座的'80后''90后'，你们的时代还有十年以后的事，不是今天，我们淘宝的时代不是今天，淘宝的时代是二十年以后的淘宝。我们再看看今天的录像，它会变成怎么样，这是我今天在努力的事。"

面对尖锐的问题，马云没有反驳，没有辩解，而是简单描述了自己的心路历程。对自己的"忽悠"，马云有着非常深刻的认识，员工们之所以愿意

跟随马云，就是因为马云让他们相信，阿里巴巴会有美好的前景，在不久的
未来，所有人都将因这美好的愿景受益，所有人都会在愿景达成的时候为曾
经的努力而自豪。

任何一个人想要获得成功，都需要奋斗的动力，而美好的愿景恰恰为人
提供了这样一个努力的目标，使人精神百倍地去做自己应该做的事情。在一
个团队之中，共同的愿景会增加团队凝聚力，让所有人向着同一个方向、同
一个目标不断前进。

优秀的管理者，从细节管理团队

用人不疑，疑人不用，是一种无奈；用人要疑，疑人要用，是一种境界。

请告诉你的团队你的梦想，不要让你的团队为你工作，要让你的团队为你的梦想去工作，把这个梦想变成他的梦想。

马云总是强调，阿里巴巴的成功，源于所有阿里人的共同努力，并不是马云一个人的功劳。马云的话显然没错，但是能让那么多人齐心协力地向着同一个目标努力，这说明马云具有超人的团队管理能力。

对于自己的团队，马云总是充满信心，而且多加赞扬，他知道，团队中的人才是真正需要脚踏实地干活的人，而他自己只是规划一下蓝图，指点一下方向。无论马云如何谦逊，一个不争的事实是，他的阿里巴巴团队已经成为很多人模仿的对象，很多人都希望能像马云一样，拥有一个属于自己的"阿里巴巴团队"。

关于管理团队，马云应该很有发言权，在很多不同的场合，马云都曾提到过自己的管理理念和方式。

马云在《赢在中国》做评委时，有一位创业者带着"创建网上超市"这个项目出现在节目中。这位创业者的理念，是通过有效的管理整合优势产品，做"网上沃尔玛"，经过多年的摸索和实践，他在网络销售上做出了很大业绩。但是，随着时间的推移，他的团队人员严重流失，最多时有五十多人的团队，最后只剩下三十多人。

对于这位创业者，马云给出了下面的点评："我觉得我都不好意思点评，就说说评委不选你的原因。我觉得你是一个很好的市场推广员，一个很好的销售。我要给你一点建议，你的团队从五十多个人开始，业务做得不错，越来越好，但是最后五十多人走了二十多个人。一个优秀的CEO也必须是个优秀的管理者，要多注重细节，从细节管理你的团队，你的团队才会有机会发展。此外，我建议随着你的企业越做越大，讲话也要越来越实在，越来越细。真正优秀的CEO和大企业领导者，他们讲东西都很细。小企业有大的胸怀，大企业要讲细节的东西。

"我还要给你一个建议，目标要明确，明白自己想要什么，明白别人想要什么，这样你才可以单刀直入。还有一点，就是说你自己很善良，很有激情，也很幽默，会讲很多故事，但当你的团队离开你的时候，你需要反思一点，我们需要雷锋，但不能让雷锋穿补丁的衣服上街去，让他们跟你分享成功是很重要的。"

对于自己的员工，马云总是倾注很多精力，虽然他平时很忙，工作很多，但是他并不会忽略细节方面的东西。马云认为，只有关注细节，才能从细节处发现问题，做出改进。马云说："不要总说别人的不是，这样会得罪所有人，即便有的时候，员工做错了，那也不会是没有原因的，作为领导，你首先要做的不是骂他，说他给公司带来了多少损失，而是帮助他找到错误所在，因为错误已经产生，损失是不能挽回的，但员工还在你的公司，还在为你创造价值。你帮他将错误改正了，那么也等于是帮了公司。"连改正错误这样的事情，马云都会有所关注，可见他对员工管理确实有一套属于自己的独特理论。

建设一个成功的团队，需要团队成员的共同努力，做好每一个细节，才能积小成大，获得想要的结果。作为管理者，不仅需要把控宏观方向，也要在细节处投入一些精力，只有这样，才能让员工感受到切切实实的关注和关怀，员工也才愿意为管理者奉献自己的所有力量。

领导力是培养出来的

马云语录
>>
我们能够成功是因为我们相信，我们坚持，我们学习，我们做正确的事，我们正确地做事。

就像我一直说的，我不是公司的英雄。如果我看起来像，那是因为我们的团队造就了我，不是我造就了团队。

作为领导，马云取得的成就令人瞩目。很多人觉得，马云的领导能力和管理格局是天生就有的，他能关注很多别人不曾关注的东西，能发现很多别人发现不了的问题。

诚然，马云也曾不止一次地将自己的成功归结于"运气"，但是稍有判断力的人都知道，马云能够受到运气的眷顾，全赖于他异于常人的执着和坚持不懈的努力。在成功之前，马云也曾数次失败，也曾受人鄙视，但是他没泄气，在一次次的打击和磨砺之后，马云越来越强大，越来越有领导力。

2008年，马云进行过一次内部讲话，谈到了领导力这个话题时，他说："当你周围的人都说你很好的时候、都认同你的时候，往往就出现问题了。你边上有什么样的人，你就会产生什么样的结果。今天我不讲公司内部的例子了。刚才我们在那边喝茶的时候说，克林顿喜欢让经济学家围绕在身边，他就不喜欢打仗。老布什任命鲍威尔，一个将军为美国国务卿，还有拉莫斯菲尔德，等等，都是军人，所以你去看，边上有什么样的人，他就会做出什么样的决定。

"假设领导者没有一个坚强的使命感，没有胸怀眼光，没有实力，我相信他会越来越接受边上人的影响。当然，这是领导者自己的责任。当你经过了大量的打击，就逐渐有了一点领导力，领导力是在最后显现出来的，领导力是培养出来的。"

在别人为马云天生的领导力艳羡不止时，马云抛出了自己的观点："当你经过了大量的打击，就逐渐有了一点领导力，领导力是在最后显现出来的，领导力是培养出来的。"每一个成功的领导者，都要经历各种各样的磨砺和打击，他们在打击中学习、进步、增长见识，最终才能变成一个受人拥戴的领导者。

在另外一次内部演讲中，马云讲道："我在北京买了一个大雕塑，3.6米高，王中军给我介绍的。光屁股大汉，全身裸体，我觉得特有意思，我就买回来放在大楼里，公司一片争论声，这个东西太黄色了。为什么马云把它搬回来，一定是有目的的。

"各种各样的猜测、各种各样的说法、各种各样的人都很多。参观的人很多，都想知道为什么阿里巴巴大楼里搞一个光屁股男人放在那儿，甚至我们的员工要做条短裤给他穿上，说太难看了。一定有一个统一的标准说法，这个标准说法是什么，他们问我有没有标准说法，我就觉得这个挺美。

"我问你，你喜欢吗，喜欢。这个人说喜欢，我说很好。这个人说不喜欢，我说也很好。我们就需要这种思想，让每个人发表不同的观点，但是最终做出决定，还得往前走。"

　　马云讲的这个故事，似乎让人有些摸不着头脑，但是细细品味，就不难发现马云想要表达的观点：在团队内部，每个人都有发表意见的权利，但是最终做出决定的，一定是领导者。如果一个领导者总是受到身边人的影响，而没有自己的观点和前进方向，那么他就难称合格。

　　对于团队建设，马云有自己的观点，也有自己的坚持。或许有人觉得，以马云这样的地位，他当然可以坚持想坚持的东西，但是对于很多年轻的管理者来说，想做到这一点并不容易。只能说，抱有这种观点的人，对管理的认识出现了偏差。马云当初也没有如今这样的地位，但是他一样坚持自己的观点，坚持让员工按照自己的想法做事。要知道，员工的每一次质疑和意见，都是一次历练的机会，相信自己，坚持自己，才能形成属于自己的管理格局。

第十二章

创业格局：心当存高远，
格局定成败

　　马云说："一百个人创业，其中九十五个人连怎么死的都不知道，没有听见声音就掉下了悬崖，还有四个人是你听到一声惨叫，他掉下去了；剩下一个可能不知道为什么还活着，但也不知道明天还活不活得下去了。"对于创业，如果只能抱着试一试的态度，那么十有八九会遭受失败。创业就像一场艰苦的马拉松比赛，只有坚持到最后的，才可能成为赢家。所以说，一旦决定创业，就要保持良好的心态，也要抱着坚持到底的决心。

像记住初恋一样记住自己的创业梦想

> **马云语录**
> >>　初恋是最美好的，每个人第一次恋爱最容易记住，每个人初次创业时候的理想是最好的，但是走着走着就找不到这条路在哪里了，其实你的第一个梦想是最美好的东西……我们是坚持初恋的人，我们是坚持梦想的人，所以能走到今天。

　　马云常常会说这样一句话："人还是要有梦想的，万一实现了呢？"这句话不仅是马云对自己的警示，也是他用来激励员工的一种有效手段。

　　一个人的梦想是否会得到认可，并最终赢得别人的尊重，很大程度上取决于其是否能够保持对梦想的热情，能否坚持为自己的梦想付出所有的努力。

　　马云很善于运用梦想来激励身边的人，是因为他自己就是一个充满梦想的人。然而，没有行动的梦想，只能在头脑中想象一下而已，断然没有实现的可能，所以这样的梦想并不能称为梦想，充其量只是一种虚无的幻想而已，对于这种无谓的幻想，马云是极为反感的。

　　最初创立阿里巴巴的时候，总共只有18个人，所有的资金也就50万元。

他们之所以能够取得如今这样的成就，就在于他们有共同的目标，愿意为了这个目标不断坚持。在别人都不看好的时候，在发不出工资的时候，在无法找到客户的时候，在别的互联网公司纷纷倒闭的时候，阿里巴巴依然坚持，最终守得云开见月明，取得了别人不敢想象的成就。

对于自己的艰苦创业历程，马云说："阿里巴巴开始做的时候，不是一个简简单单的梦想，更不是幻想。今天我看到很多人幻想挺多，天天想幻想是什么，不切实际、没有行动、总觉得别人不对。所以我自己觉得，如果我走过，我们有一帮人，十几个人，18个人在家里面大家坚定共同的信念，说我们许诺一起走。我们那个时候50万人民币，如果我们失败，找不到钱的话，我们18个人一起去找工作，我觉得我们还是有机会。"

谈及创业过程中是如何坚持下来的，马云又说："在创业的过程中，四五年以内，我相信任何一家创业公司都会面临很多的抉择和机会，在每个抉择和机会过程中，你是不是还是像自己初恋那样记住自己的第一次的梦想，至关重要。在原则面前，在你能不能坚持，在诱惑面前能不能坚持原则，在压力面前能不能坚持原则。最后想干什么，该干什么以后，再给自己说，我能干多久，我想干多久，这件事情该干多久就做多久。"

创业之初的艰难，马云深有体会，和马云一起开始创业的人，同样深有体会。然而，即便在阿里巴巴陷入资金困境的时候，也没有一个人选择主动放弃。因为所有的人都知道，他们在做一件意义非凡的事情，这件事情一旦成功，他们将会开创一个新的时代。

事实证明，马云团队的坚持是正确的，他们的创业取得了前所未有的轰动效果。对于马云来说，阿里巴巴的成功是实现了自己最初的梦想，这个梦想是支持他一路走来的最大动力。对此，马云说："创业者没有退路，最大的失败就是放弃。今天很残酷，明天更残酷，后天很美好，但绝大部分人死在明天晚上，所以每个人都不要放弃今天。很多人比我们聪明，很多人比我们努力，为什么我们成功了？难道是我们拥有了财富，而别人没有？当然不是，一个重要的原因是我们坚持下来了。"

对于很多创业者来说，没有资源，没有资金，唯一拥有的也许就是梦想，能够把握的也就只有梦想，如果连自己的梦想都要轻易放弃，那么注定没有成功的可能。创业过程是艰难而辛苦的，没有人能简简单单地就获得梦想中的成功。只有坚持下去，不断坚持下去，才能看到成功的曙光，赢得人生的胜利。

两耳不闻窗外事，一心一意做阿里

马云语录
>> 一百个人创业，其中九十五个人连怎么死的都不知道，没有听见声音就掉下了悬崖，还有四个人是你听到一声惨叫，他掉下去了，剩下一个可能不知道为什么还活着，但也不知道明天还活不活得下去。

对于创业者来说，专注是十分重要的一种素质。无论做什么行业，只要决定创业，就应该脚踏实地地进行钻研。只有通过不断学习和钻研，才有可能在事业上取得进步，最终实现自己的理想。如果创业者对自己所做的事情都没有信心，总是心不在焉或三心二意，遇到困难就想放弃或尝试一下别的行业，那么注定无法取得成功。

在专注方面，马云是一个十分投入的人，从创建阿里巴巴开始，他就将所有的心思都扑在上面，无论外界环境怎么变化，他始终坚持做自己的事业。

马云创建阿里巴巴时，并没有将办公地点设在北上广这样的大都市，而是在杭州开启了创业之旅。很多人觉得不可理解，在这样一个小城市，资源不足，曝光度也不足，想要发展起来并非易事。

马云的低调人尽皆知，做公司时也遵循这一原则。面对外界的种种质疑，马云说："我们在闭门造车，1999年回到杭州之后，我们商量决定，六个月之内不主动对外宣传，一心一意把网站做好。"

马云和他的创业团队每天都窝在屋子里，一工作就是十多个小时，他们一起讨论创意，设计网页，一点一滴地帮助阿里巴巴不断壮大。

1999年5月，杭州的一家媒体刊登了一篇文章，名字叫《想做全球贸易，阿里巴巴拒访》。虽然这篇文章篇幅不长，但是引发了很多人的关注，阿里巴巴这个名字逐渐被人知晓。许多读者感觉疑惑不解，在别的公司都争相增加曝光率的时候，为什么阿里巴巴如此低调？

于是，越来越的媒体开始关注阿里巴巴，越来越多的人开始想要了解阿里巴巴。更让人欣喜的是，阿里巴巴甚至引起了国外媒体的关注。第一个来到杭州进行采访的国外媒体是美国的《商业周刊》。这一次，马云终于不再沉默，他接受了《商业周刊》记者的采访，通过这家媒体的报道和宣传，人们终于对马云和阿里巴巴有了更加准确的认识。很快，阿里巴巴便名声大振，访问量迅速增加。

就这样，默默无闻的阿里巴巴火了，马云什么宣传都没做，但是低调的创业方式，已经为他做了最好的广告。

在信息化越来越重要的时代，很多人认为只有增加曝光率，让别人对公司多加了解，才能迅速打开公司的知名度。然而，马云却选择了一条截然相反的道路。他带着自己的创业团队每天"闭门造车"，将所有的时间都放在了技术开发上。一心一意做阿里的马云，用自己的专注赢得了关注，赢得了名声，也获得了比做广告更好的宣传效果。

任何时代，创业都不是一件简单的事情，经历过失败的马云更是深知创业的艰难。为了给自己和团队更好的研发环境，马云决定暂时不与外界接触，只有这样，大家才能专心致志，心无旁骛。

现实生活中，很多人创业或做事失败，根本原因就在于他们朝三暮四、见异思迁，无法将所有的精力都投注在自己所做的事情上。对于任何人来说，想要有所成就，就必须具备专注的精神。如果每天都换目标，那就是"猴子掰棒子"，到头来什么也得不到。

做电商，靠创新打天下

对于任何一个想要不断发展壮大、长期生存的公司来说，仅仅依靠模仿别人肯定是不行的。"克隆"别人的产品或许能在短时间内积累一定的财富，但是从长期来看，这并不是公司发展的好方法。

一个公司想要在竞争日益激烈的市场上站稳脚跟，能够依靠的只有不断创新。只有孜孜不倦地追求创新，才能源源不断地为公司注入发展的活力，增强公司的生命力和竞争力，从而保证公司能够长期立于不败之地。

模仿别人只是"拿来主义"，没有经过自己的研究和思考；创新则是另辟蹊径，通过自己的努力为公司的发展找到更好的方向。作为创业者，应该"以我为主"，通过不断的创新，使公司逐渐成为行业的领头羊，做被模仿者，而不是模仿者。

马云第一次接触网络的时候，甚至不知道网络究竟是什么。当他决定创立互联网公司的时候，中国甚至还没有网络。仅仅靠着自己的描述，让别人相信一种尚不存在的东西，其难度可想而知。但是马云愿意迎难而上，做一种别人都没有做过的尝试。

回忆起这段岁月，马云说："在我创业的那个年代，在中国做个小企业家非常困难。我花五个月时间才借到五百美元，而公司还是失败了。那时我没有机会，我也不知道怎样运营企业。我去注册第一家公司时，想取名叫互联网，注册办公室告诉我，不行，字典里没有这个词，你必须换个名字注册公司。他建议我使用计算机咨询公司，可是我连计算机是什么都不知道。所以我的第一个公司叫作杭州希望计算机咨询公司，那时很苦，我当时对科技和计算机一无所知。"

对计算机一无所知的马云，竟然要注册互联网公司，这在很多人看来简直不可思议，但是马云并没想这么多，他就是要做"第一个吃螃蟹的人"。阿里巴巴的成功，充分体现了马云的创业格局，别出心裁，独树一帜，才能走出一条与众不同的新路。

看到阿里巴巴的不断发展和巨大成功，很多人觉得马云是占了网络的便宜，正是因为电商成本低、税收也低，才让网络电商有了如今这样蓬勃发展的机会。

对此，马云的态度是："我觉得电商的成本不低，你看两块成本，所谓传统行业的成本是他们抢占了市中心最贵的地段，他们凭资金、实力和银行的贷款，在最贵地段租了最贵的房子，它的成本是高，因为它选择了一条错误的路。而今天电商这块看似成本很低，但他们的时间成本，他们的精力成本，他们的创新成本要比那些店高很多。在最贵的地段，人群最多的地方，只租了一块地，虽然买的人不多，但一定有人来买，所以很容易做生意，你只要有钱就可以租一个好地段，有好的装修，摆一些好的商品来卖。

"但是今天在淘宝上面，你可是要不断创新，你要花很多时间和精力，研究消费者，研究数据，研究新产品，这个成本是另外的成本，所以今天电商不是靠资金打天下，而是靠创新打天下。"

对于电商企业的成功，很多人有一定程度的误解，对此，马云为电商企业做出了解释。在马云看来，无论外部条件多么优越，对电商企业来说都没有长久的实际意义。电商企业想要成功，只有从自身入手，只有不断进行创新，想要持续地发展，也必须依靠创新的改变。

创业者进入一个行业之后，不可避免地要从学习开始，从失败中学习教训，从同行那里学习经验，等等。在学习的过程中，创业者应该逐渐产生自己的创新思想，而不是始终跟在别人身后，别人怎么做自己就怎么做。跟在别人身后的创业者，只能分得"残羹冷炙"，而懂得创新的创业者，才能在同行之前享用"美味佳肴"。

创业者必备冒险精神

马云语录
>> 永远把别人对你的批评记在心里，别人的表扬，就把它忘了。
要是公司里的员工都像我这么能说，而且光说不干活，会
非常可怕。我不懂电脑，销售也不在行，但是公司里有人
懂就行了。

新东方教育科技集团董事长俞敏洪说过："我发现成功人士都有一个特质，就是不安分。比如我父辈当中的很多成功者，都是随着改革开放放弃了原来的铁饭碗，只身闯荡江湖的。但这绝对不是什么'懂得放弃'的精神，而是因为他们不安分，不满足于眼前安稳的现状——我就遗传了这样的不安分基因。"

纵观创业成功者的奋斗史，我们很容易发现，那些成功的创业者大多都冒过极大的风险。那些安于现状的人，定然不会为了某种未知的成功去冒险，自然也就无法收获冒险之后的成功。从某种角度上说，一个成功的创业者，通常需要具备冒险精神。

冒险精神就是要求创业者时刻拥有对市场情况做出决断的勇气和洞察力，能够在复杂的环境下洞察事物的本质和发展的趋势，能够从各种渠道获

取相关的信息并进行合理的分析。

2005年8月11日，马云在北京宣布，阿里巴巴完成了对雅虎中国的全面收购，将耗资10亿美元打造互联网搜索。

在收购之前，马云就已经知道，收购雅虎中国将要冒很大的风险。因为当时的雅虎中国几乎已经被抽空，随时都有倒闭的可能。而且阿里巴巴和雅虎的合作，不单单是两个公司的整合，更是两种企业文化的整合。马云做出收购的决定，主要是为了实现阿里巴巴的电子商务和雅虎的搜索引擎相互结合的目的。

2005年11月，Google的市值已经超过了1000亿美元，几乎是eBay和雅虎的两倍。从这个时候开始，门户网和电子商务再也无法像之前一样主宰天下了。Google的成功不但改变了世界互联网的固有格局，也对电子商务和门户网的生存产生了极大的威胁。

而马云则没有为此产生太多的担忧，因为他通过阿里巴巴和雅虎中国的"联姻"，已经提前弥补了公司的不足，解决了这一问题。

面对雅虎中国行即倒闭的情况，马云没有退缩，成功或失败，只在一念之间。勇敢的马云选择了冒险，而这次的整合则为马云带来了更多的发展机会和空间。市场的发展变化，对电子商务和门户网都产生了极大的威胁，但是马云不用为这种局面担忧，因为在危机尚未来临之前，他就已经做好了充足的准备。可以说，别人眼中的危机，非但没对阿里巴巴产生负面影响，反而让马云拥有足够的时间和精力，带领阿里巴巴进行更加猛烈的冲杀。

日本著名企业家土光敏夫说过："如果风险小，很多人都会去追求这种机会，因此利益也不会大；如果风险大，很多人就会望而却步，所以能得到的利益也会大些。从这个意义上讲，有风险才有利益。可以说，利益就是对人们所承担风险的相应报偿。"

　　风险的大小和收益的多少是成正比的，想要大的收益，就要进行一定的冒险。创业者应该对冒险保持乐观的心态，一旦可以抓住机会，那么很容易就能获得成功。

　　那些不满足于现状的人，总是希望攀上更高的人生山峰，并愿意为了这一目标挖掘自身的全部潜能。只有那些不安分的人，才愿意冒险、敢于冒险，他们总是对未知的事物跃跃欲试，总想折腾点事出来，正是在这不断的尝试和折腾中，他们不断地突破自我，登上人生的一个又一个高峰，演绎出精彩绝伦的人生。

创业中乐观主义很重要

马云语录
>>

做一份工作，做一份喜欢的工作就是很好的创业。

一次次失败的积累，只要不把我打死，还会再来过，眼下的困境不是最重要的，关键是心存理想，把握自己的未来，看到事物积极的一面，改变自己。

对于创业，马云始终保持乐观的心态，这让他在遇到困难的时候，总能以较为平和的心态去应对。即便遭受了巨大的挫折，在马云看来，也不过是多了一次历练而已。

马云说："如果你在创业的第一天就说，我是来享受痛苦的，那么就会变得很开心。我1992年做销售的时候，我说创业中乐观主义很重要，销售十次，十次为零，出去以后，果然是零，说得真对，我要奖励一下自己。"换作别人，或许早就为自己的零业绩担忧不已，但是马云没有。他能奖励自己，是因为他知道创业会很难，也知道再多的担忧也于事无补，倒不如带着微笑做好下一次销售的准备工作。

创业开始不久的时候，马云常常需要到日本出差，返程的时候，马云常常和同事在日本的机场下围棋。尽管马云对围棋十分喜爱，也很喜欢和人下棋，但是他的水平确实很一般。

围棋在日本的普及率是很高的，很多人都对围棋有所了解。甚至可以说，围棋在日本就像乒乓球在中国一样，即便在民间也隐藏着很多高手。

马云每次和同事下棋时，总会有日本人走过来观看。马云说："一个老头过来看了一会儿，摇摇头走开了；过一会儿一个小孩过来看了一眼，也摇摇头走开了。我觉得不能再这样丢中国人的脸。怎么办？围棋水平一下子提高是不可能的，于是我们改下五子棋！五子棋我可是打遍天下无敌手，要看就让他们看吧！"

从这个例子中不难看出马云的乐观精神。正是这种乐观，让马云不惧创业中的艰难和挫折，在创业的道路上越走越远，越走越顺。

很多人都会感叹，如今这个社会创业艰难，觉得现在没有以前那么好的创业机会了。对此，马云并不认同，他说："当初微软做起来的时候，人们都说没人能超越微软，后来出现了雅虎；人们说没人能超越雅虎，后来又出现了eBay；人们觉得eBay已经很了不起了，又出现了谷歌；当人们觉得谷歌已经'像太阳一样无法被超越了'，现在又出现了Facebook。有人说，马云你创业的时候环境和机会比我们好，你运气好，所以你成功了，但我们没机会了。我说那不可能，这世界永远是机会。"

现代社会，各种竞争日益激烈，人们的生存压力也越来越大。很多创业者觉得，创业的空间越来越小，成功的可能性也越来越小。对此，马云并不认同，他乐观地相信，世界上到处都是机会，只是看谁能够发现并把握好机会。

提到阿里巴巴的创业经历，马云说："阿里巴巴刚创立的前三年，一分钱都没赚，员工也很沮丧，他们甚至觉得阿里巴巴已经不像个公司的样子。当时互联网还没被大部分人所接受，电子商务更是很遥远，阿里巴巴这个名字很古怪，我这个人看上去也比较让人没有信任感，但有一样东西让我们坚持和乐观。我们收到了很多小企业客户的感谢信，写着：'阿里巴巴，因为你们，我们拿到了订单，招到了新的员工，扩大了公司规模。'这让我觉得，假如今天我能帮十家小企业，将来就能帮一百家，未来还有十万家在等着，这个市场一定存在。"

当别人对自己没有信心，不予信任的时候，马云依然充满乐观，在他的观念里，乐观是创业者必须具备的一种素质，而且是非常重要的一种素质。他告诫创业者："一个创业者身上最优秀的素质，那就是永远乐观。乐观不仅是自己安慰自己，左手温暖右手，还要把自己的快乐分享给别人。唯有这样，人生的路才会走得长远。"

小聪明不如傻坚持

马云语录

>> 成功有很多幸运的因素。但是假如你想学习别人是怎么失败的，你就会受益很多。我总喜欢看那些探讨人如何失败的书。当你仔细去分析的时候，任何失败的公司，他们失败的原因总是不尽相同，而这才是最重要的。

创业，从来都不容易，创业成功，更是很多人难以实现的梦想。但是，只要创业者选择了创业这条路，就必须坚持做下去。只有不断坚持，才有看到成功曙光的可能。

马云曾经说过："我想告诉大家，创业、做企业，其实很简单：一个强烈的欲望，就是我想做什么事情，我想改变什么事情。你想清楚之后，你永远坚持这一点。我一直认为人一辈子都在创业，以前深圳有一个口号叫'二次创业'，我不太同意这个（口号），因为同一批领导是没有办法进行二次创业的，因为从第一天创业起你就一直在创业。"

一个人为自己设定目标很容易，但是想要十年如一日地坚持下去，并不是人人都能做到的。而马云，恰恰是那能够坚持下来的少数人中的一员。

2000年底，阿里巴巴的会员数量得到了很快的发展，每天都会有一两千人加入阿里巴巴这个大家庭。

在阿里巴巴的网站上，有数量众多的供应商，其中不仅有中国各地的中小企业，也有远在非洲加纳等地的用户。在阿里巴巴这个平台上，世界各地的供应商汇聚一堂，在这里出售自己的商品。

2001年底，阿里巴巴的中国供应商会员已经超过了100万，这让阿里巴巴成为全世界第一个达成这一宏伟目标的B2B网站。也是从这个阶段开始，阿里巴巴终于走进了盈利的时代。一时间，阿里巴巴变成了各路媒体的宠儿，马云终于可以骄傲地向全世界宣布，他创造的电子商务模式是有可行性的。

2005年6月，马云参加了中央电视台的《对话》节目。在节目现场，马云和主持人聊起了阿里巴巴的发展历程。他说："其实我说的跪是指你站不住了，你给我跪在那儿，不要躺下，不要倒，是这个意思。但是所谓冬天长一点儿，春天才会美好，细菌都死光了，边上的声音、噪声都会静下来，这时候我还站着，我就会成为所有投资者最喜欢的，也会成为整个互联网界最喜欢的人。所以我们那时候是自己给自己安慰。我们在2002年的关键字就是：坚持到底，就是胜利。"

"坚持到底，就是胜利。"当别人为阿里巴巴的前途忧虑时，马云在坚持；当互联网投资环境变差时，马云还在坚持；当金融危机来临的时候，马云依然在坚持……马云正是凭着这样的信念，走出了一条属于自己的创业之路。

如今，有很多人羡慕马云的财富和地位，希望能变成跟马云一样的富人；有很多人慨叹自己没有生在一个好时代，不能像马云一样闯出自己的一片天地。实际上，对于创业者来说，任何一个时代都不容易，但是每一个时代也都充满了机会。只要能像马云一样不断坚持，相信每个人都能获得自己的成功。

　　所谓"三百六十行，行行出状元"，无论从事哪一个行业，都有成功的可能。尽管如今的行业数量已经远远超过了三百六十个，但是这个道理是相通的。如果因为能够选择的行业多，就三天两头地换行业，那么在任何一个行业都无法取得成功。

阿里在走别人没有走过的路

马云语录
>>
那些私下忠告我们，指出我们错误的人，才是真正的朋友。如果创业，年轻的时候，工作和生活是没法分开的，这个就是太极禅的原理：你一方面喜欢车，又不喜欢堵，不可能；你就得喜欢堵，你才有可能有车，要不你没戏。

苏联作家奥斯特洛夫斯基说过："批评，是正常的血液循环，没有了它就难免会出现停滞或者是生病的现象。"可见，批评对一个人具有十分重要的作用。适当的批评，能够让我们觉醒，督促我们改正错误，以免在错误的道路上越走越远。

通常而言，越是关心我们的人，才会越直接地说出对我们的批评，因为他们是为了帮助我们进步，为了让我们变得更好。马云曾说："永远把别人对你的批评记在心里，别人的表扬，就把它忘了。"可见，他是一个非常珍视批评的人。

阿里巴巴的构建形式，与其他企业有诸多不同，它的运营模式也与既有的模式有诸多差别。所以，在阿里巴巴的创业之路上，免不了遭受很多的批评甚至谩骂。

对于外界的不同声音，马云对自己的员工说："我常想起的是一个智者和我说的一句话：'任何时候你要想清楚，你有什么？你要什么？你放弃什么？'我们要清醒地认识到，阿里在走的是前人没有走过的路，在今天社会大众普遍认为商人是'唯利是图'的前提下，我们的使命注定我们将不会轻易被人理解！当然，改变是需要时间的！过去，我们看到比较多的是自己推动商业社会进步发展的正面积极效应，但是对于可能带来的反作用力，阿里巴巴关注得不够，沟通得也不够。这也正是我们今后必须注意和完善的地方。"

虽然外界的批评甚至谩骂会对阿里巴巴的形象产生一定的影响，也会给公司的发展带来一定的风险，但是马云认为这也是阿里人千载难逢的学习机会，通过在批评中学习，公司能够得到更好的发展前景。用马云自己的话说，那就是："这是一种福报，一种修炼。我们离完美还太遥远，确实需要面向未来，审视自我；确实有很多东西有待提高；确实需要为社区、为城市、为社会付出更多；确实需要坚持阿里一直以来的使命感。"

阿里在走一条别人没有走过的路，因为没人走过，所以需要不断摸索，在这个过程中，难免出现一些失误甚至错误。对于真心的批评，马云不仅不会反驳，反而会表示欢迎。因为批评的声音对阿里人来说是激励，更是不断进步的方向和动力。

但是，对于一些莫须有的批评，马云也不愿轻易被"绑架"："阿里人感谢真诚的建议和批评，但是别有用心的意见，无理取闹和片面的东西，我们不会接受，即使你们付诸游行示威甚至更加过激的手段，试图通过这些手段让我们让步屈服，数亿消费者不会答应的。我们坚信并会积极地参与到社会积极进步的力量中去……"

这就是马云，对于自己该接受的批评，他笑脸相迎，全盘接受，并为之做出最大的改进；对于不该自己承受的东西，他断然拒绝，犀利反击。

在创业的过程中，难免遇到这样那样的问题，出现错误的时候，也难免会受到人们的批评。这都是人之常情，完全可以理解。作为一个年轻的创业者，要学会分辨批评的善恶：对于善意的批评，要表示感谢；对于恶意的批评，也要毫不留情地拒绝。

读马云，就是在读一本关于未来的书，因为他的视野和思维超出常人一等；写马云，也是在写一本关于未来的书，因为没人知道马云将来还会做出怎样令人惊叹的成就。

一提到写关于未来的书，人们往往觉得这需要丰富的想象力。很多作者确实也是这样做的，靠天马行空的想象去吸引读者的眼球。然而，写马云不能这样。

马云是一个真实存在的人，他所取得的成就路人皆知，如果只是为马云想象一个未来，相信很多读者都不会认可，马云也不会愿意接受。所以，写马云更应该基于现实进行一些理性的分析和思考。

马云说过很多话，做过很多事，取得了很多成就，通过对这些既定事实进行梳理和归纳，我们可以看到马云大致的人生格局。在这个基础上进行分析和延展，才能更客观、更全面地认识马云。

在羡慕马云取得的成就时，我们也应该看到马云为之付出的艰苦努力；在追寻马云成功的轨迹时，我们不应该只是模仿，也应该学习他百折不挠的顽强精神；在关注马云拥有的巨额财富时，我们也应该了解他"关注财富，也要关注财富之外的东西"的财富格局……

总之，写马云，不仅是记述历史，更是发现未来。马云的未来，不应是虚幻的想象，而应是一条以现在为起点且不断向前延伸的连贯之路。